全彩印刷 微课视频

思维导图学
C++
趣味编程 上

方其桂 等 著

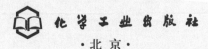

化学工业出版社

·北京·

内 容 简 介

随着人工智能时代的到来，编程受到了越来越多人的青睐，培养孩子的编程思维也变得格外重要。C++是一门简单易学的编程语言，非常适合青少年学习使用。

本书基于Dev C++ 5.11版本，详细介绍了C++编程的知识和应用技巧。本书分为上、下两册，上册通过有趣的案例，帮助读者了解并掌握C++编程的基础知识；下册以经典数学案例为例，介绍C++编程的核心——算法等相关知识，最终使读者能够学会应用C++解决生活和学习中常见的各类问题。全书共43个实例，每个实例均以1个完整的作品制作为例展开讲解，让孩子们边玩边学，同时结合思维导图的形式，启发和引导孩子们去思考和创造。

本书采用全彩印刷+全程图解的方式展现，每节课均配有微课教学视频，还提供所有实例的源程序、素材，扫描二维码即可轻松获取相应的学习资源，大大提高学习效率。

本书特别适合中小学生进行编程启蒙使用，适合完全没有接触过编程的家长和小朋友一起阅读。对从事编程教育的老师来说，也是一本非常好的教程。同时也可以作为中小学兴趣班以及相关培训机构的教学用书。

图书在版编目（CIP）数据

思维导图学 C++趣味编程 / 方其桂等著. —北京：
化学工业出版社，2022.6（2024.7重印）
ISBN 978-7-122-40971-3

Ⅰ．①思… Ⅱ．①方… Ⅲ．① C++语言 – 程序设计 –
青少年读物 Ⅳ．①TP312.8-49

中国版本图书馆 CIP 数据核字（2022）第 040579 号

责任编辑：耍利娜　张　赛　　　　　　　文字编辑：林　丹　师明远
责任校对：田睿涵　　　　　　　　　　　装帧设计：水长流文化

出版发行：化学工业出版社（北京市东城区青年湖南街 13 号　邮政编码 100011）
印　　装：涿州市般润文化传播有限公司
787mm×1092mm　1/16　印张 20¾　字数 350 千字　2024 年 7 月北京第 1 版第 3 次印刷

购书咨询：010-64518888　　　　　　　　　售后服务：010-64518899
网　　址：http://www.cip.com.cn
凡购买本书，如有缺损质量问题，本社销售中心负责调换。

定　　价：99.00 元

前言

这是一本面向青少年的非常好玩且实用的C++编程书。让孩子学习编程，不是为了将他们培养成未来的程序员，而是希望在其心中播下一颗待萌发的科技种子，培养孩子的动手能力以及解决问题的能力。

一、为什么要学习编程

编写程序又称编程，通俗地讲，编程就是告诉计算机要帮人做什么、怎么做。但是计算机无法直接听懂人类的语言，所以需要使用一种计算机和我们人类都能理解的语言，这种语言就是计算机语言。使用计算机语言编写的文件称为程序。

科技的发展在今天越发迅猛，生长在新世纪的一代人，肩负着连接现在与未来的使命，时代赋予这一代人前所未有的使命和责任。学习编程语言，不仅能掌握一门与机器沟通的语言，而且能收获一把通向未来的钥匙。比尔·盖茨曾经说过："学习编程可以锻炼你的思维，帮助你更好地思考。"由此可见，学习编程的过程就是锻炼思维、思考事理的过程。具体来说有如下优点。

（1）培养学生专注力

爱玩是每个孩子的天性，而学习编程却要求专注，这对大部分低龄的孩子来说是一项挑战。不过编程可以实现游戏化学习，趣味性十足。通过游戏中的角色代入、关卡设置、通关奖励等手段，可以让孩子自主地沉浸在编程学习情境中，无形中提升孩子学习的专注力。

（2）培养解决问题的能力

少儿编程注重知识和生活的联系，旨在培养孩子的动手能力。编程能够让孩子的想法变成现实，对孩子的创新能力、解决问题能力、动手能力都有很大的帮助。通过编程，孩子可以设计动画、游戏等，在学中玩，又在玩中学，不断循环反复的过程渐渐培养了孩子解决问题的能力。

（3）培养抽象逻辑思维能力

编程就好比解一道数学难题，需要把复杂的问题分解成一个一个小问题，然后逐一突破，最终彻底解决。在这个过程中，孩子需要考虑到程序的各个方面，通过不断实践调试，修改一个又一个错误，抽象逻辑思维得到了很好的锻炼。

（4）培养勇于试错的能力

在编程的世界里，犯错是常态，可以说编程是一个不断试错的过程，但它的调试周期很短，试错成本低。这样孩子们在潜移默化中内心会变得更加强大，能以更加平和的心态面对挫折和失败。无论是哪个成长阶段，这样良好的心理状态始终是社会生存的必备技能。

二、为何选择C++编程

C++是一种优秀的计算机编程语言，已经成为主流编程语言之一，适合孩子的编程启蒙。具体而言，C++有如下优点：

（1）入门容易

其应用界面简洁，编程过程简便、容易上手，非常适合初学编程者学习。

（2）设计严谨

C++虽简单，其设计却很严谨，让用户可以将全部注意力放在程序的设计逻辑上。

三、本书结构

本书分为上、下册。上册通过案例融合C++基本知识，帮助读者了解并掌握C++编程的基础知识；下册以经典数学案例为例，介绍C++编程的核心——算法等相关知识，最终使读者能够学会应用C++解决生活和学习中常见的各类问题。上册分7个单元，下册分6个单元，每单元包含3~4个案例，每个案例以

1个完整的作品制作为例展开讲解，内容结构编排如下。

◆ 准备空间：通过理解题意，体验案例的乐趣，思考案例是如何实现的。

◆ 探秘指南：详解案例中的知识、作品的规划、编程的思路。

◆ 探究实践：通过程序编写、程序测试以及分析易犯错误等环节详细指导案例的制作。

◆ 智慧钥匙：拓展延伸本课案例的相关知识点，丰富知识体系。

◆ 挑战空间：通过由易到难的练习，巩固学习效果。

四、本书使用

本书以Dev C++ 5.11版本为载体，同样适用于其他版本。为了有较好的学习效果，建议学习本书时遵循以下几点。

◆ 兴趣为先：针对案例，结合生活实际，善于发现有趣的问题，乐于去解决问题。

◆ 循序渐进：对于初学者，刚开始新知识可能比较多，但是不要害怕，更不能急于求成。以书中的小案例为中心，层层铺垫，再拓展应用，提高编程技巧。

◆ 举一反三：由于篇幅有限，本书案例只是某方面的代表，可以用书中解决问题的方法，解决类似案例或者题目。

◆ 交流分享：在学习的过程中，建议和小伙伴一起学习，相互交流经验和技巧，相互鼓励，攻破难题。

◆ 动手动脑：初学者最忌讳眼高手低，对于书中所讲的案例，不能只限于纸上谈兵，应该亲自动手，完成案例的制作，体验创造的快乐。

◆ 善于总结：每次案例的制作都会有收获，在学习以后，别忘了总结制作过程，理清思路根源，为下一次创作提供借鉴。

五、本书特点

本书适合编程初学者以及对C++编程感兴趣的青少年阅读，也适合家长、老师指导孩子进行程序设计时使用。为充分调动读者的学习积极性，本书在编写时注重体现以下特色。

◆ 实例丰富：本书案例丰富，内容编排合理，难度适中。每个案例都有详细的分析和制作指导，降低了学习的难度，使读者对所学知识更加容易理解。

◆ 图文并茂：本书使用图片替换了大部分的文字说明，用图文结合的形式来讲解程序的编写思路和具体操作步骤，学习起来更加轻松有效。

◆ 资源丰富：考虑到读者自学的需求，本书配备了所有案例的素材和源文件，并录制了相应的微课视频，配套资源不管是在数量上还是在质量上都有保障。

◆ 形式贴心：本书几乎对案例程序中的每一段代码都有注释，以便于读者能更好地理解每一行代码的用途，对读者在学习过程中可能遇到的疑问，以"智慧钥匙"等栏目进行说明，避免读者在学习的过程中走弯路。

六、本书作者

本书作者团队成员有省级教研人员以及具有多年教学经验的中小学信息技术教师，深谙孩子们的学习心理，已经编写并出版过多本少儿编程相关图书，有着丰富的编写经验。

本书由方其桂、赵新未、高纯、董俊、王丽娟、周本阔、何凤四等人编写，配套学习资源由方其桂整理制作。

虽然编者尽力构思，反复审核修改，但由于时间和精力有限，书中难免有不足之处。在学习使用的过程中，针对同样的案例，读者也可能会有更好的制作方法。不管是哪方面的问题，都衷心希望广大读者不吝指正，提出宝贵的意见和建议。

著　者

微信扫码
观看·教学视频
下载·配套素材

第1单元

编写程序　迈向未来
——初识程序

　　程序是什么？是操作系统，是各种APP，又或是什么呢？我们该如何定义它呢？计算机由软件和硬件组成，桌面上的电脑，手上的手机，腕上的智能手表，这些能看得见摸得着的都是硬件；程序就是软件，通过代码形式存储在硬件中。程序就像是一个指挥家，指挥着这些硬件发挥各自的功能。

　　要想当电子设备的指挥家可不容易，首先要掌握与硬件设备的沟通语言，我们这里选用C++这门语言。这本书我们会借助C++这门编程语言，编写出第一个程序，进行时间的换算，寻找数据之间的区别，一起走进计算机的世界，迈向人工智能的信息化大未来。

本单元内容

```
                          ┌─── 编写第一个程序 ──── 表达心情
            初识程序 ─────┼─── 算术运算符 ──────── 时间换算
                          └─── 常量与变量 ──────── 分门别类
```

第 1 课

表达心情
——编写第一个程序

通俗来说，人与计算机之间交流的过程就是编程，交流的语言我们选用C++，对于即将开始的编程之旅，你兴奋么？可是面对眼前的电脑到底应该怎么做呢？这一节，我们从零开始，通过编写一个程序来表达自己热爱编程的心情吧！

••• 准备空间

◆ 程序体验

要想在计算机上表达出自己热爱编程的心情，这里可以选用英文"I love programming!!!"进行表达，如下图实例所示，翻译过来就是"我爱编程!!!"，那么究竟应该怎么开始编写这个程序呢，请往下继续看。

```
I love programming!!!
```

◆ 问题思考

本程序就是向屏幕输出，显示一段文字"I love programming!!!"。那么这个过程是如何实现的呢？又分哪几个步骤呢？针对这些问题，我们会把重点放在解答一个程序到底是怎么诞生的，分步骤来完成一个程序，具体步骤如下图。

接下来我们就在下面的环节对这4个问题进行一一解答。

我的思考

编程语言如何选择？

| 代码如何让计算机识别呢？ |

| 程序的基本结构是什么？ |

| 程序是怎么运行的？ |

••• 探秘指南

◆ 学习资源

计算机由软件和硬件组成，软件简单来说就是程序，程序指挥着硬件完成工作，编程的过程就是制作程序。制作一个程序首先要了解以下几个问题。

1. 编程语言选择

编程的实质是人与计算机交流。人与人交流用人类的语言，不同国家的人用不同的语言（中文，英语，西班牙语……），人与计算机交流则用计算机的语言。计算机也有各种各样的语言，比如Python、C++、Java等。

现在编程用的计算机语言大多是高级语言，是与人类之间语言交流相似的语言，所以较容易学习，这里我们选用主流的C++语言来与计算机交流。

2. 编译程序

编程的语言选好了，接下来是不是就可以编程了呢？等等，你写好的代码如果没有被计算机识别，仅仅只是一堆文本和符号而已，就像我们拿起一本西班牙语的《百年孤独》，在不懂西班牙语的情况下阅读，书中文字对我们毫无意义。

计算机真正能懂的语言只有0和1组成的机器码，必须要有一个翻译器将我们写的C++代码转换成计算机能懂的机器码，最终变成程序，这个翻译的过程就是编译。编译是代码变为程序必要的一个加工过程，如图所示。

◆ 程序结构

C++语言有自己的语言规范，首先我们来看看本课中需要实现的C++代码。

```
第1课  表达心情.cpp                                    —  □  ×

    1    #include<iostream>              // 头文件
    2    using namespace std;            // 统一标准
    3    int main()                      // 主函数
    4  ┌ {
    5  │       cout<<"I love programming!!!"; // 主函数体
    6  │       return 0;
    7  └ }
```

由上图可以看出，一个C++程序代码由头文件、统一标准和主函数组成。

1. 头文件

头文件是对其他程序的声明，声明是在程序中特有的机制，几乎在编程之前都要先声明，类似于我们如果想找父母要零花钱，需要提前告知父母钱的用途一样。

2. 统一标准

"using namespace std;"可以理解为"该程序使用C++统一的标准"。其中std是standard的缩写，在C++中经常会把单词缩写成三个字母的长度。

3. 主函数

主函数里有程序的主要内容，里面的内容就叫做函数体，都由一对大括号{}括起来。

其中，"cout<<"I love programming!!!;"这条语句的作用是向屏幕输出"I love programming!!!"。"return 0;"语句代表着函数的结束。注意主函数体中每条独立语句结束后要加分号";"。

◆ 制定流程

从第1课开始，我们在运行每个程序前，都会根据程序的用途和实现步骤先画一个程序流程图来对程序有一个更全面的认识。程序流程图是图形化的表达，可以达到"一图胜千言"的效果。图形表达的过程即是分析问题的过程。

程序流程图由2部分组成：一是箭头，箭头代表程序的走向；二是图形，不同图形有不同的含义，具体如下表。

图形	名称	功能
⬭	起始/终止框	程序起始或终止的标志
▱	输入/输出框	输入或输出数据
▭	执行框	对程序的执行
◇	判断框	对条件进行判断

本课的程序流程图较为简单，你能完善下面的流程图么？

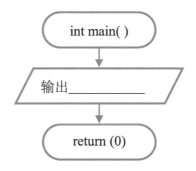

本课的程序流程图：

- int main( )
- 输出_____
- return (0)

●●● 探究实践

◆ 程序安装

如何让计算机运行我们编写的程序呢？此时，就需要一款C++软件。Dev-C++是一款在Windows环境下运行的免费软件，非常适于初学者使用。下面以Dev-C++ 5.11版为例，介绍其安装与界面的设置。

安装软件　网上下载软件后，按图所示操作，安装程序会自动安装Dev-C++。安装程序启动后，无中文选项，默认为英语。

选择程序选项　按图所示操作，进入程序安装选项。

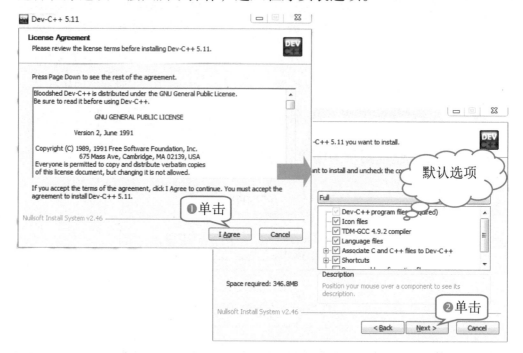

选择安装路径　按图所示操作，选择安装路径，完成软件安装。

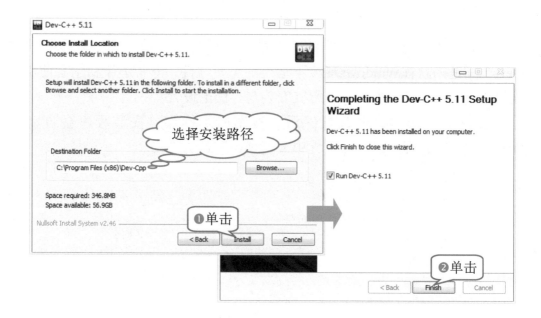

设置语言　按图所示操作，设置环境选项中语言为"简体中文/Chinese"，进入中文界面。

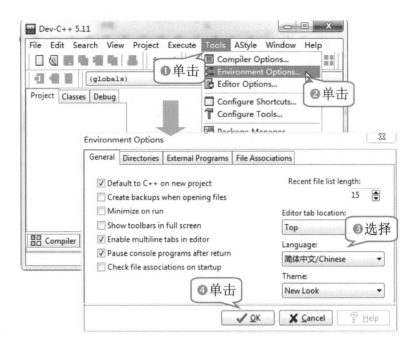

编程实现

设置好Dev-C++软件界面后，就可以开始编写第一个程序了。

新建源程序 选择"文件"→"新建"→"源代码"命令（或按快捷键Ctrl+N），即可新建一个源程序文件，界面如图所示。

编写程序 在源程序编辑区输入以下代码，并以"我爱编程.cpp"命名保存，如图所示。

源代码

状态栏

编译程序　按图所示操作，对源程序进行编译。

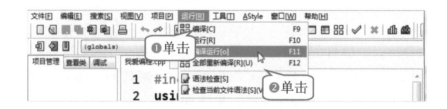

查看运行结果　系统进行编译后，会在编译日志中显示编译结果信息，编译完成后会在源代码的文件夹中生成一个exe可执行文件，并自动打开。编译及运行结果如图所示。

智慧钥匙

1. 编译器的选择

目前C++编译器种类繁多，针对不同的操作系统也有不同的编译器可供选择。本书选择Dev-C++编译器，因为它是在Windows系统下运行的免费软件，非常适合初学者使用。

随着学习的深入，专业的C++开发可以选用Microsoft Visual Studio，信息学竞赛可以使用Linux下的GUIDE编译器。总之，要从实际出发，选择适合自己的编译器，适合自己的才是最好的。

编译器	适用操作系统	使用人群
DEV C++	Windows系统	编程入门初学者
Visual Studio	Windows系统	专业软件开发人员
GUIDE	Linux系统	信息学竞赛方向

2. 编程的实质

随着5G、人工智能的发展，编程教育越来越普及，但有的时候走了很多路却忘了为什么要出发——我们为什么学习编程呢？编程的实质就是解决问题，特别是解决生活中的实际问

题。比如以前培养飞行员，需要不断进行实际的飞行操练，耗费了人力物力，飞行员的生命安全也不一定得到保障。但是现在，我们可以通过编程，建立一套模拟飞行系统，让飞行员在一个安全的环境下进行练习，这就解决了一个实际问题。

●●● 挑战空间

1. 试一试

观察下面程序，写出运行结果，并上机验证。

```
1  #include<iostream>
2  using namespace std;
3  int main()
4  {
5      cout<<"我爱编程";
6      return 0;
7  }
```

输出：_____

2. 编写程序

试编写一个程序，屏幕上显示"学而时习之，不亦乐乎"。

第2课
时间换算
——算术运算符

小方同学平日严格要求自己，惜时如金，他想计算下自己晚上做作业到底花了多少时间，于是用计时表记录下了时间，用时45分30秒，他想知道这个时间总共是多少秒呢。你能编写一个程序来进行时间换算么？快来试一试吧！

•••• 准备空间

◆ 理解题意

程序运行实现的功能是计算45分30秒一共是多少秒。1分钟是60秒，也就是用程序输出45乘60再加30的结果。

◆ 问题思考

想要制作这样的一个时间换算的程序，需要思考的问题如图所示。你还能提出怎样的问题？填在方框中。

计算机如何计算数值？
计算机能进行哪些计算？

我的思考

探秘指南

学习资源

1. 算术运算符

C++语言为进行数值之间的运算提供了5种基本的算术运算符，分别是加（+）、减（−）、乘（*）、除（/）和模（%），具体如下表所示。

运算符	含义	说明	例子
+	加	加法运算	5+3=8
−	减	减法运算	5−3=2
*	乘	乘法运算	5*3=15
/	除	除法运算	5/3=1
%	模	取余运算	5%3=2

2. 运算符的优先级

当遇到多个运算符结合在一起时，按照数学表达式的规则，从左到右执行，遇到优先级高的运算符时优先执行。其中，乘、除、模的优先级高于加、减。

```
cout<<3+5*2;      // 根据优先级先执行 5*2 等于 10，然后 3 再加上 10，输出 13
cout<<(3+5)*2;    // 遇上括号先执行括号内的运算符，3+5 等于 8，然后 8 乘 2，输出 16
```

规划设计

在了解了如何在C++程序中计算数值后，请完善以下思维导图。

时间换算
- 数据计算 —— 45__60__30（在下划线中填写运算符）
- 输出数据 —— 利用cout语句输出数据

◆ **制定流程**

你能根据思维导图的步骤完善下面所示的流程图吗?

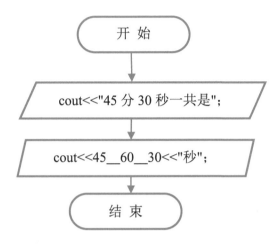

● ● ● **探究实践**

◆ **编程实现**

```
第2课 时间换算.cpp                      —  □  ×

1  #include<iostream>
2  using namespace std;
3  int main()
4  {
5      cout<<"45分30秒一共是";
6      cout<<45*60+30<<"秒";// 输出计算出来的数值
7      return 0;
8  }
```

◆ **测试程序**

运行结果如下图:

45分30秒一共是2730秒

●●● 智慧钥匙

1. 除法的两种情况

```
cout<<5/2;    // 如果除数和被除数都是整数，计算结果是取商，此语句输
出结果为2
cout<<5/2.0; // 如果除数和被除数不是整数，计算是除法，此语句输出结
果为2.5
```

2. 模运算的使用情况

模运算的作用是取余，所以两个数都是整数的时候才可以做模运算。

```
cout<<5.0%2;    // 该情况会报错，因为5.0不是整数
```

●●● 挑战空间

1. 试一试

阅读下面2个程序，写出运行结果，并上机验证。

```
1  #include<iostream>
2  using namespace std;
3  int main()
4  {
5      cout<<"2730秒=";
6      cout<<2730/60<<"分钟";
7      cout<<2730%60<<"秒";
8      return 0;
9  }
```

```
1  #include<iostream>
2  using namespace std;
3  int main()
4  {
5      cout<<2+3/2*5;
6      return 0;
7  }
```

输出：_____   输出：_____

2. 编写程序

针对"时间换算"问题，编写一个程序，将7600秒表示成几小时几分钟几秒的形式。

第 3 课

分门别类
——常量和变量

现在国家大力倡导垃圾分类，对每样东西进行分类会使处理效率大大提升。计算机中的数据也分两类，包括常量和变量，我们需要区分两者之间的区别，才能更有效地运用。本课我们通过编写一个程序，看看两者之间到底有哪些区别。

●●● 准备空间

◆ 理解题意

整个程序的处理过程是分别建立一个整型的常量和一个整型的变量，试着去改变常量和变量的数值，然后再输出，检查常量和变量的数值有无变化。

◆ 问题思考

想要制作这样的程序，需要思考的问题如图所示。你还能提出怎样的问题？填在方框中。

| 怎么在程序中建立变量？ |
| 怎么在程序中建立常量？ |
| |
| |

我的思考

●●● 探秘指南

◆ 学习资源

1. 定义变量

我们可以给变量取名a、常量取名为b，这样是不是就可以直接使用了呢？还不行。在C++语言中，对所有用到的变量和常量必须要先作强制定义，也就是"先定义，后使用"。

如何理解定义？定义就是向系统去申明用到的变量是什么类型的。

下面是定义变量的一般形式：

> 变量类型　变量名；

例如：int a；float b；char c；

具体的变量类型在后面单元中会详细介绍，本课的变量类型选择int类型，可以理解为整型变量。

2. 定义常量

定义常量就是在定义变量的前加一个const。下面是定义常量的一般形式：

> const 变量类型　变量名；

例如：const int b；

记住，在使用变量或者常量之前，一定要先定义，再取名，这样输入的数据才能正确保存到想要的变量或者常量当中。

3. 自增、自减运算符

运算符	含义	实例
++	使变量的值加1	a++；
−−	使变量的值减1	a−−；

● **规划设计**

在了解了在C++程序中如何定义常量和变量后，请完善下面的思维导图。

● **制定流程**

你能根据思维导图的步骤完善下面所示的流程图吗？

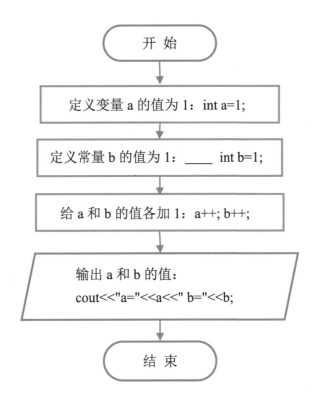

探究实践

编程实现

第3课　分门别类.cpp — □ ✕

```cpp
1  #include<iostream>
2  using namespace std;
3  int main()
4  {
5      int a=1;              // 设置变量 a 的值为 1
6      const int b=1;        // 设置常量 b 的值为 1
7      a++;                  // a 和 b 的值各加 1
8      b++;
9      cout<<"a="<<a<<" b="<<b; // 输出改变后 a 和 b 的值
10     return 0;
11 }
```

测试程序

运行程序，发现编译报错：

```cpp
1  #include<iostream>
2  using namespace std;
3  int main()
4  {
5      int a=1;
6      const int b=1;        该行编译报错
7      a++;
8   b++;
9      cout<<"a="<<a<<" b="<<b;
10     return 0;
11 }
```

错误信息详情

行	列	单元	信息
		D:\第一单元\第3课\寻找区别.cpp	In function 'int ... d':
8	3	D:\第一单元\第3课\寻找区别.cpp	[Error] increment of read-only variable 'b'

行: 8　列: 6　已选择: 0　总行数: 13　长度: 146　插入　在 0.015 秒内另

　　报错信息提示在第8行，通过编译信息可以看到一行英文："[Error] increment of read-only variable 'b'"。其含义是常量b的值是不可更改的，所以通过编译我们可以得出：只要是赋予了初值的常量，数值是改变不了的。

此时将第8行"b++;"删除，重新编译运行程序，得到如下结果：

```
a=2 b=1
```

●●● 智慧钥匙

1. 自增、自减运算符的放置顺序

自增和自减运算符用于对变量进行加1和减1运算。自增和自减运算符既可以放在变量的前边，也可以放在变量的后边。

如果只是对自变量进行加1或减1运算，如a++或++b，这时自增、自减运算符在前在后是一样的，但是如果我们尝试直接输出a++和++a，还是可以看出区别所在，假设a的值为1，请看下图。

```
cout<<a++;    // 此语句输出结果为1
cout<<++a;    // 此语句输出结果为2
```

这一细小的区别主要是因为自增运算符在前，先输出，再改变变量的值；自增运算符在后，是先改变变量的值，后输出。

2. 常量的一般使用场景

因为常量的值在程序中不能发生变化，所以常量经常定义为一个不可改变的数值，比如在求圆的数据的相关程序中，需要使用圆周率，那么我们就可以把圆周率定义成一个常量，值为3.1415926。

3. 调试程序

本课的程序试图更改常量的值，结果在编译的过程中报错，说明更改常量的值是不被编译器允许的，然后我们根据报错信息更改程序，运行成功。把错误的程序调试成功，这一过程就叫调试程序。随着程序难度的提升和代码量的增加，很难一次性将程序编写成功得到想要的答案，需要调试程序，一步步发现问题，解决问题，直到程序能运行得出正确的结果。

●●● 挑战空间

1. 试一试

阅读下面程序，写出运行结果，并上机验证。

```cpp
1  #include <iostream>
2  using namespace std;
3  int main()
4  {
5      int a=1;
6      cout<<a++;
7      cout<<++a;
8      return 0;
9  }
```

输出： _____

2. 一起来找茬

以下程序运行不成功，你能找出来问题出在哪儿吗?

```cpp
1  #include <iostream>
2  using namespace std;
3  int main()
4  {
5      const int a=1;
6      cout<<a++;
7      return 0;
8  }
```

3. 编写程序

编写一个程序，求圆的面积，给定半径为6cm，圆周率为3.14，输出该圆的面积（单位为cm^2）。

第2单元

千里之行　始于足下
——基本语句

　　当你坐在电脑前，手放在键盘上时，你可以问问自己，我真的准备好开始编程了吗？我该如何下手呢？其实编程之路并没有那么复杂，只不过路要一步一步走，千里之行，始于足下。本单元我们会介绍三种编程基本语句，掌握了这些基础知识，就如同建造一栋大楼有了扎实的地基。

　　在C++中最基本的语句有三种，分别是输出、输入和赋值语句。输出语句实现的功能主要是显示输出的内容；输入语句实现的功能主要是输入数据和指令，指挥电脑；赋值语句实现的功能主要是数据的传递。这三种基本语句各司其职，配合后面学到的程序结构，能够组成千变万化的程序。下面就让我们来了解一下吧！

本单元内容

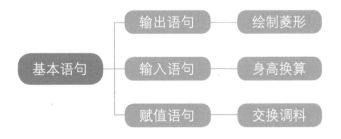

第 4 课

绘制菱形
——输出语句

C++程序可以实现多种功能，不仅可以计算数值，还可以绘制漂亮的图形。小方同学最近在学习数学时，了解到了菱形这种结构。手绘完美对称的菱形总是有点不精准，能借助C++程序绘制出一个完美的菱形吗？来试一试吧。

●●●● 准备空间

◆ 程序体验

利用"*"号的组合，在屏幕上输出一个菱形，如下图所示。

◆ 问题思考

想要输出对称的菱形图案，需要思考的问题如下图所示。你还能提出怎样的问题？填在方框中。

输出如何换行？
如何让输出的"*"对称？

我的思考

••• 探秘指南

◆ 学习资源

1. 输出

在C++程序中，如何向屏幕输出内容呢？其实输出功能需要cout语句来实现，具体使用方式如下。

```
Cout << 表达式1 << 表达式2 << … << 表达式n;
```

cout后紧跟"<<"符号，此符号后面的内容向屏幕输出，尖括号的方向是朝前的。

表达式中如果是字符串则需要加双引号（英文双撇号），如果是数值或变量则不需要加双引号，每一个表达式都需要用"<<"号隔开，所以cout配合多个表达式，可以分开写，也可以连起来写，就如同工厂的流水线作业一般，一个个表达式通过"<<"输出到屏幕上。

2. 换行符

在输出语句中如果需要换行，则要用到换行符"endl"。需要注意的是，"endl"在cout输出语句中需单独使用，不需要加双引号，也不与表达式连在一起。

```
错误：cout<<"hello"endl;
正确：cout<<"hello"<<endl;
```

3. setw()宽度设置

设置字段的宽度需要用到setw (int n)语句，n表示字段宽度，只对紧跟着的表达式有效。该语句需要配合头文件#include<iomanip>使用。

当后面紧跟着的输出字段长度小于n的时候，在该字段前面用空格补齐，注意是在前面。当输出字段长度大于n时，则全部整体输出。

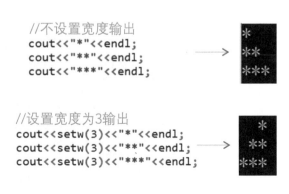

```
//不设置宽度输出
cout<<"*"<<endl;
cout<<"**"<<endl;
cout<<"***"<<endl;
```

```
//设置宽度为3输出
cout<<setw(3)<<"*"<<endl;
cout<<setw(3)<<"**"<<endl;
cout<<setw(3)<<"***"<<endl;
```

● **规划设计**

在了解了如何输出语句后，需要分析菱形的每一行由哪些组成，这几行组合起来怎么才能输出对称的菱形，请完善下面的思维导图。

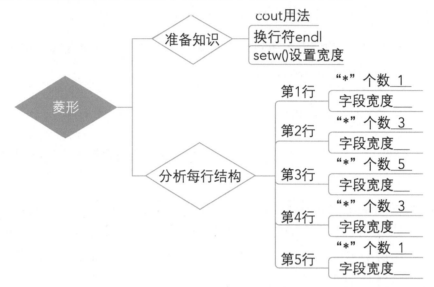

● **制定流程**

你能根据思维导图的步骤完善下面所示的流程图么？

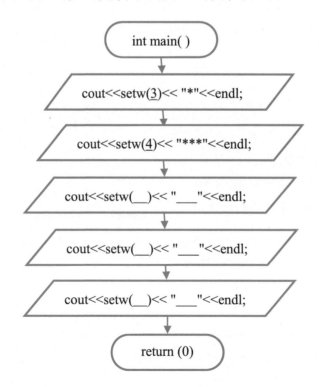

探究实践

编程实现

```cpp
第4课 　绘制菱形.cpp                                    ─  □  ✕

1    #include<iostream>
2    #include <iomanip>                    // 头文件
3    using namespace std;
4    int main()
5    {
6        cout<<setw(3)<<"*"<<endl;      // 第1行: 设置字段宽度为3, 输出1个 "*"
7        cout<<setw(4)<<"***"<<endl;    // 第2行: 设置字段宽度为4, 输出3个 "*"
8        cout<<"*****"<<endl;           // 第3行: 不设置字段宽度, 输出5个 "*"
9        cout<<setw(4)<<"***"<<endl;    // 第4行: 设置字段宽度为4, 输出3个 "*"
10       cout<<setw(3)<<"*"<<endl;      // 第5行: 设置字段宽度为3, 输出1个 "*"
11       return 0;
12   }
```

易犯错误

在输出时，应注意每行字段宽度的变化才能输出对称的菱形。例如固定了每行的字段宽度为5，当要输出的内容字段不满时，则会在该字段前面用空格补齐，就出现了如下图所示右对齐的效果。

```cpp
第4课 　绘制菱形 易犯错误演示.cpp                        ─  □  ✕

1    #include<iostream>
2    #include <iomanip>
3    using namespace std;
4    int main()
5    {
6        cout<<setw(5)<<"*"<<endl;        // 设置字段宽度为5, 输出1个 "*"
7        cout<<setw(5)<<"***"<<endl;      // 设置字段宽度为5, 输出3个 "*"
8        cout<<setw(5)<<"*****"<<endl;    // 设置字段宽度为5, 输出5个 "*"
9        cout<<setw(5)<<"***"<<endl;      // 设置字段宽度为5, 输出3个 "*"
10       cout<<setw(5)<<"*"<<endl;        // 设置字段宽度为5, 输出1个 "*"
11       return 0;
12   }
                                    *
                                  ***
        // 运行结果  →         *****
                                  ***
                                    *
```

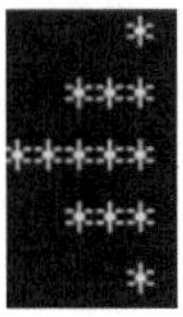

智慧钥匙

1. 输出语句中换行的两种方式

输出语句中除了可以使用"endl"作为换行符外，还可以使用换行符"\n"，两者的区别在于："endl"需单独使用，前面不可紧跟字符串；"\n"可放在字符串末端，如图所示。

```
换行的两种方式.cpp                    —  □  ×

1   #include<iostream>
2   using namespace std;
3   int main()
4 □ {
5       cout<<"*****"<<endl;
6       cout<<"*****\n";
7       cout<<"*****";
8       return 0;
9   }

// 运行结果 ———→    *****
                   *****
                   *****
```

2. setw(n)使用的两种情况

在使用setw(n)语句时，同样存在两种情况：当后面紧跟着的输出字段长度小于n的时候，在该字段前面用空格补齐，空格数是n-字段宽度；当输出字段长度大于或等于n时，则全部整体输出，前面不再加空格。

挑战空间

1. 试一试

观察下面程序，写出运行结果，并上机验证。

```
1   #include<iostream>
2   #include <iomanip>
3   using namespace std;
4   int main()
5   {
6       cout<<setw(3)<<"*"<<endl;
7       cout<<setw(3)<<"***"<<endl;
8       cout<<setw(3)<<"*****"<<endl;
9       cout<<setw(3)<<"***"<<endl;
10      cout<<setw(3)<<"*"<<endl;
11      return 0;
12  }
```

输出：_____

2. 编写程序

观察下面程序的运行结果，你能根据结果写出程序代码吗？

第 5 课

身高换算
——输入语句

古人常说"堂堂七尺男儿"。那时人们的计量单位与现在不同，一尺大约是23厘米左右。《三国演义》书中描述关羽身高为9尺、张飞身高为8尺、刘备身高为7尺半，那么对应现在的身高到底多高呢？小方同学想编写一个程序，通过输入古时候的身高数据（单位：尺），计算出对应现在的身高数据（单位：米），一起试试吧！

我堂堂七尺男儿！！！
……

•••• 准备空间

◆ 程序体验

运行程序，先出现以下提示，此时在键盘上输入一个身高数据，比如"7"，按回车键，则会出现换算后的身高：

> 请输入一个身高数据（单位：尺）：7
> 换算成现在的身高应为（单位：米）：1.61

这时我们知道了，原来古代的七尺男儿身高只有1.61米，那么关羽、张飞、刘备的身高也可以通过程序换算得出。

◆ 问题思考

想要制作这样的一个动态的身高换算程序，需要思考的问题如图所示。你还能提出怎样的问题？填在方框中。

如何输入数据？

如何将输入的数据保存？

我的思考

探秘指南

学习资源

1. 输入数据

C++程序中，使用cin语句可以连续从键盘输入想要的数据，具体使用方式如下。

cin>>变量1>>变量2>>……>>变量n;

输入语句与输出语句相对应。输入是从键盘输入数值给变量。cin语句要搭配"">>""符号使用。输出是发送信息到屏幕上，在cout语句中要搭配""<<""符号使用。

2. 变量的命名

通常，变量都是存放在计算机一个个存储单元中，我们可以通过变量名找到变量在哪，以及查看到变量的值。为了区分不同变量，我们需要给变量取不同的名字，比如a、b。本课的变量类型选择用float类型，可以理解为带小数的变量。

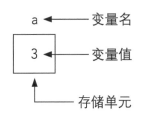

规划设计

在了解了输入语句的一些使用方法后，还需要搜索资料查明古时候人们使用长度单位尺相当于现在的多少米，查到这个数据后就可以对保存的变量进行换算了，请完善下面的思维导图。

● **制定流程**

你能根据思维导图的步骤完善下面所示的流程图吗？

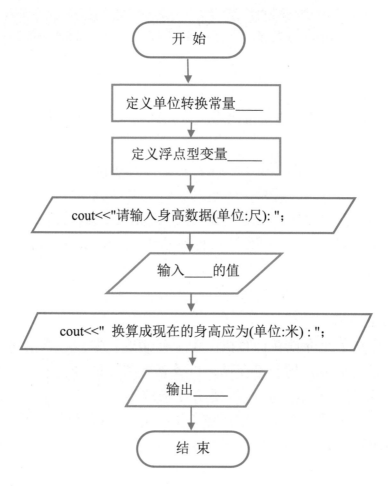

探究实践

编程实现

```
第5课 身高换算.cpp                                      —  ⊡  ✕

 1   #include<iostream>
 2   using namespace std;
 3   int main( )
 4 ⊟ {
 5      const float chi=0.23;// 定义转换常量 chi, 通过网络搜索得知一尺相当于现在 0.23 米
 6      float high;              // 定义浮点型变量 high
 7      cout<<"请输入身高数据(单位:尺) :";
 8      cin>>high;
 9      cout<< "换算成现在的身高应为(单位:米) : ";
10      cout<<high*chi;          // high 乘 chi 就得出了换算好的身高数值
11      return 0;
12 └  }
```

改进优化

在输出时，如果想将输出的数值精确到小数点后2位，可以用fixed语句和setprecision语句。fixed语句是控制小数点后精度，setprecision(n)是输出小数点后的n个数，具体使用方法请看下图。注意使用该语句时，需要加头文件#include<iomanip>。

```
第5课 身高换算 改进版本.cpp                              —  ⊡  ✕

 1   #include<iostream>
 2   #include<iomanip>
 3   using namespace std;
 4   int main( )
 5 ⊟ {
 6      const float chi=0.23;
 7      float high;
 8      cout<<"请输入身高数据(单位:尺) :";
 9      cin>>high;
10      cout<< "换算成现在的身高应为(单位:米) : ";
11      cout<<fixed<<setprecision(2)<<high*chi;
12      return 0;
13 └  }
```

●●● 智慧钥匙

1. 变量的命名规则

C++语言规定变量名只能由字母、数字和下划线3种字符组成，且第一个字符必须为字母或下划线，而且变量之间不能重名，不能是C++语言中的关键词。比如，不能定义变量为int，因为int在C++语言中是关键词，不能使用。下面列举出一些正确与错误的变量名：

错误变量名：$123, 3G, C++

正确变量名：a1 ,a 1 ,b ,c, sum ,total ,ans

---

2. 变量的赋值

变量有2种赋值的方法：一种是利用输入语句，从键盘输入数据给变量；另一种可以是使用赋值语句，在程序中直接给变量赋值。后面会具体探讨赋值语句的使用。

① cin>>a;   // 从键盘输入数据给变量 a

② a=10;   // 把 10 赋值给 a

●●● 挑战空间

1. 试一试

阅读下面程序，写出运行结果，并上机验证。

```
1   #include<iostream>
2   #include<iomanip>
3   using namespace std;
4   int main( )
5   {
6       float high;
7       cin>>high;
8       cout<<fixed<<setprecision(2)<<high/2;
9       return 0;
10  }
```

输入：3

输出：＿＿＿＿＿＿＿＿＿＿＿＿＿＿＿＿＿＿＿＿＿＿＿＿＿＿＿＿＿＿＿

2. 一起来找茬

以下程序实现的功能是输入一个矩形的长和宽，输出这个矩形的面积，但是输出值并不正确，你能找出来问题出在哪儿吗？

```
1  #include<iostream>
2  using namespace std;
3  int main( )
4  {
5    float length,high;
6    cin>>length>>high;
7    cout<<high*high;
8    return 0;
9  }
```

3. 编写程序

编写一个程序，实现输入圆的半径，输出圆的周长，输出结果精确到小数点后2位（π=3.14）。

第6课
交换调料
——赋值语句

酱油和醋的颜色相近，小方同学错将买回来的酱油放在家中标有醋的瓶子当中，而家中标有酱油的瓶子却装了醋，此时如何将酱油和醋进行交换呢？只需拿一个空杯，作为临时中转就可以了。将醋瓶中装的酱油倒入空杯，此时醋瓶空

出，将酱油瓶中的醋倒入醋瓶，最后再将空杯中的酱油倒入酱油瓶中即可。那么在C++程序中，输入两个整数a和b，我们是不是可以采用类似的方法来交换a和b的值呢？快来试一试吧！

•••• 准备空间

◆ 程序体验

运行程序，先出现提示，此时在键盘上分别输入一个a和一个b的值，按回车键，则会出现交换后a和b的值：

> 请输入a和b的值：3 5
> 交换后a=5 b=3

◆ 问题思考

想要制作一个交换数值的程序，需要思考的问题如图所示。你还能提出怎样的问题？填在方框中。

我的思考

数据如何改变？
数据如何交换？

探秘指南

学习资源

1. 赋值语句

在C++语言中，使用"="号作为赋值运算符，在赋值语句中使用。记住，"="不代表"等于"，而是将"="右边表达式的值赋给左边的变量，赋值语句的一般形式为：

变量 = 表达式；

2. 赋值语句的使用

初学者在使用赋值语句时经常会犯错，先举几个正确的例子：

```
1   a=5;        // 将 5 的值赋给变量 a
2   a=3+5;      // 3+5 后计算的值赋给变量 a,也就是将 8 赋给变量 a
3   a=b;        // 将变量 b 的值赋给变量 a
```

如"a+b=5;"语句是错误的，在数学中能成立，但是在C++的语法体系中，"="左边必须是变量，不能是表达式，a+b是表达式。

3. 数值交换

要想实现2个相同类型的变量值进行交换，我们可以类比交换调料，变量a就是"酱油瓶"，但是数值却是"醋"，变量b是"醋瓶"，但是数值却是"酱油"。首先要拿出一个空杯（新申明一个变量），具体的实现流程可以参考下图：

```
1   int t;// 拿出一个空杯子
2   t=a;       // 将"酱油瓶"中"醋"倒入空杯子中
3   a=b;       // 将"醋瓶"中"酱油"倒入"酱油瓶"
4   b=t;       // 将空杯中"醋"倒入"醋瓶"
```

引入"第三方"变量t来进行数值交换，这种解决问题的策略又叫算法。本课是编程学习中了解的第一个算法，后面随着问题的深入，算法也会越来越复杂。

● **规划设计**

在了解了赋值语句和如何进行数值交换后，请完善下面的思维导图。

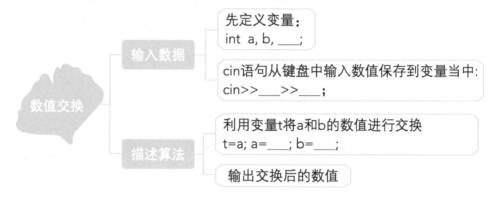

● **制定流程**

你能根据思维导图的步骤完善下面所示的流程图吗?

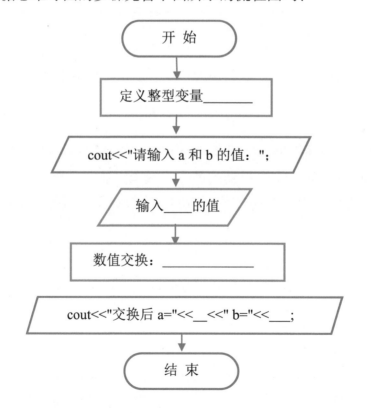

••• 探究实践

◆ 编程实现

```
第6课 交换调料.cpp                              —  □  ×

 1  #include<iostream>
 2  using namespace std;
 3  int main()
 4  {
 5      int a,b,t; // 定义变量a,b,t，其中t起到中转站的作用
 6      cout<<"请输入a和b的值：";
 7      cin>>a>>b;
 8      t=a;        // 将a的值赋给t,此时变量t保存着a的值
 9      a=b;        // 将b的值赋给a
10      b=t;        // 此时变量t保存着a的值，将t的值赋给b
11      cout<<"交换后a="<<a;
12      cout<<" b="<<b<<endl;
13      return 0;
14  }
```

◆ 易犯错误

　　在上图中，程序的核心是第8、9、10行，这3行代码的顺序很多初学者容易弄反，其实只需将交换酱油和醋的流程记住，再替换成变量a和b就容易理解了。

••• 智慧钥匙

1. 嵌套赋值

　　如果有2个语句，分别是"a=5;"和"b=5;"，那么我们可以使用嵌套赋值，比如下图：

$$a = b = 5;$$

　　因为在进行赋值运算时，右边的表达式也可以是赋值表达式，所以存在嵌套的赋值情况，比如"a=b=5;"可以理解成"变量=(变量=表达

式）；""a=(b=5);"，实际上等价于先执行b=5，再执行a=b。

2. 复合算术赋值

赋值运算符结合算术运算符会有一些简写的情况，比如a+=1相当于a=a+1，具体参考下表。

简写	含义	简写	含义
a+=b	a=a+b	a/=b	a=a/b
a-=b	a=a-b	a%=b	a=a%b

●●● 挑战空间

1. 试一试

阅读下面程序，写出运行结果，并上机验证。

```
1  #include<iostream>
2  using namespace std;
3  int main()
4  {
5      int a,b;
6      cin>>a>>b;
7      a=a+b;
8      b=a-b;
9      a=a-b;
10     cout<<"a="<<a;
11     cout<<" b="<<b<<endl;
12     return 0;
13 }
```

输入：3 6

输出：_____

2. 一起来找茬

以下程序实现的功能是2个数值的交换，但是输出值并不正确，你能找出问题出在哪儿吗?

```
1  #include<iostream>
2  using namespace std;
3  int main()
4  {
5      int a,b,t;
6      cout<<"请输入a和b的值: ";
7      cin>>a>>b;
8      t=a;
9      b=t;
10     a=b;
11     cout<<"交换后a="<<a;
12     cout<<" b="<<b<<endl;
13     return 0;
14  }
```

3. 编写程序

针对"鸡兔同笼"问题，编写一个程序，已知头共30个、脚共90只，问笼中鸡和兔各有多少只？

第3单元

分门别类　各司其职
——数据类型

在数学中，我们把数分成小数、整数、分数等，每种类型的数都有自己的特征；在英语中，我们把词汇分成名词、形容词、动词等，不同类型的词汇用法也均不同；在职业中，有教师、医生、工程师、警察等，每个职业工作内容不同，各司其职。

在C++程序中，数据分成整型、实型、字符型、布尔型等类型，它们都是由系统定义的数据类型，下面我们来学习C++语言的数据类型吧！

本单元内容

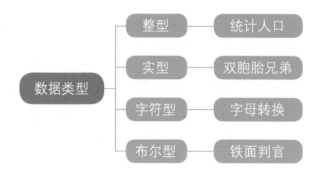

第7课
统计人口
——整型

在童话王国中，有a和b两个相邻的国家，但是两个国家人口数量差距很大，a国人口稀少，只有50人，而b国人口规模庞大，有2147483649人。请通过C++编程，输出这两个国家各自的人数。

••• 准备空间

◆ 程序体验

运行程序并体验，完成以下内容填空。

```
                  ┌─── 实现功能：输出两个大小不同的整数
                  │
      统计人口 ────┼─── 实现步骤：
                  │
                  └─── 实现途径：
```

◆ 问题思考

需要思考的问题如图所示，你还能提出怎样的问题？填在方框中。

| 如何定义两个大小不同且差距大的整数? |
| 如何输出不同范围内的整数? |
| |
| |

我的思考

••• 探秘指南

◆ 学习资源

在C++语言中，数据类型的不同，决定了其取值范围的大小。本课我们将学习整型变量中的整型（int）和超长整型（long long）。定义整型变量时，要根据数据大小和所在取值范围，选择合适的整型类型。

1. 整型（int）

int表示整型变量。定义一个变量名为a、取值范围是−2147483648～2147483647之间的整数。

格式：

```
int a;
```

2. 超长整型（long long）

long long表示超长整型变量。定义一个变量名为b、取值范围是-2^{63}～$2^{63}-1$之间的整数。

格式：

```
long long b;
```

◆ 规划设计

在了解了定义整型（int）和超长整型（long long）两种变量的格式以及功能后，要输出童话王国里两个国家的人数，可以通过整型变量来实现，从而得出本课的思维导图。

● **制定流程**

第1步：定义整型变量a；

第2步：给变量a赋值；

第3步：输出a的值；

第4步：定义超长整型变量b；

第5步：给变量b赋值；

第6步：输出b的值。

你能根据这些步骤完善下面的流程图吗？

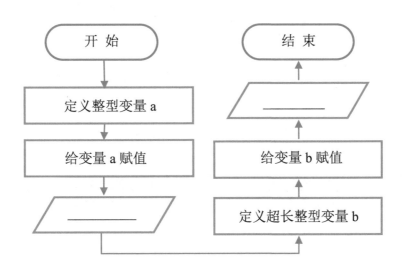

• • • 探究实践

编程实现

```
第7课  统计人口.cpp                              —  ☐  ✕

 1  #include<iostream>
 2  using namespace std;
 3  int main()
 4 ⊟{
 5      int a;                    // 定义整型变量 a
 6      a=50;                     // 给变量 a 赋值
 7      cout<<a<<endl;            // 输出 a 的值
 8      long long b;              // 定义超长整型变量 b
 9      b=2147483649;             // 给变量 b 赋值
10      cout<<b<<endl;            // 输出 b 的值
11  }
```

测试程序

输出a的值：50

输出b的值：2147483649

运行结果：

```
50
2147483649
```

易犯错误

在本程序的第8行语句中，定义超长整型变量b时，所用到的数据类型名称不能写成int，否则会导致变量b的结果无法输出。

答疑解惑

在定义超长整型变量b时，所用到数据类型名称的中间一定要加空格，需要写成"long long，"这样才能将变量b的结果输出。

• • • 智慧钥匙

1. 整型常量

在C++语言中，整型常量即整常数，包括正整数、负整数和0。也可以把整型常量分为十进制整型常量、八进制整型常量和十六进制整型常量三种表现形式，这三种进制的整型常量可用于不同的场合。大多数场合中采用十进制整型常量，但当编写系统程序时，如表示地址等，常用八进制或十六进制整型常量。

◆ **十进制整型常量**：只能出现0~9中的数字，且可带正、负号。例如：0、1364 、28、−34等。

◆ **八进制整型常量**：以数字0开头，后面可以是0~7中的数字。例如：0111（十进制73）、−011（八进制−11）、0123（十进制83）等。

◆ **十六进制整型常量**：以0x或0X开头，后面可以是0~9中的数字、a~f或A~F中的英文字母。如：0x11（十进制17）、0Xa5（十进制165）、0x5a（十进制90）。

2. 整型变量的定义

在C++语言中，规定程序中所有用到的变量都必须先定义才可以使用。例如：

short a;　　　定义变量a为短整型。

int b;　　　　定义变量b为整型。

long c;　　　定义变量c为长整型。

long long d;　定义变量d为超长整型。

3. 整型变量的取值范围

在C++语言中，常用的整型变量的取值范围如下表。

数据类型	名称	取值范围
短整型	short	$-2^{15} \sim 2^{15}-1$
整型	int	$-2^{31} \sim 2^{31}-1$
长整型	long	$-2^{31} \sim 2^{31}-1$
超长整型	long long	$-2^{63} \sim 2^{63}-1$

● ● ● 挑战空间

1. 试一试

观察下面程序，写出运行结果，并上机验证。

```
1  #include<iostream>
2  using namespace std;
3  int main()
4  {
5      int a;
6      a=2147483612;
7      cout<<a<<endl;
8  }
```

输出：_____

2. 一起来找茬

定义b为超长整型变量，程序中有一处错误，你能找出来在哪儿吗？

```
1  #include<iostream>
2  using namespace std;
3  int main()
4  {
5      longlong b;
6      b=2147483649;
7      cout<<b<<endl;
8  }
```

错误：_____

3. 编写程序

一天，小熊和小马到银行存钱，小熊存32766元，小马存2147483647元，试着通过所学内容，定义短整型变量和长整型变量分别输出它们各自存的钱数。

双胞胎兄弟
——实型

　　童话里，住着一对双胞胎兄弟——大哥大a和小不点b，他们两人贫富差距很大，小不点b只有2.35元，但大哥大a却有24174836485678912345672345678912341242123455.5元，请通过C++编程输出他们两人各自的钱数。

••• 准备空间

◆ 程序体验

　　运行程序并体验，完成以下内容填空。

```
                ┌─── 实现功能：输出两个大小不同的实数
                │
    双胞兄弟 ───┼─── 实现步骤：
                │
                └─── 实现途径：
```

问题思考

需要思考的问题如图所示，你还能提出怎样的问题？填在方框中。

> 如何定义两个大小不同且差距大的实数？

> 如何输入两个不同范围内的实数？

>

>

我的思考

探秘指南

学习资源

在C++语言中，实型可以用作表示小数。本课将学习实型变量中的单精度实型（float）和双精度实型（double），两者的区别在于表示的有效数字范围不同。在定义实型变量时，要根据数据大小和所在取值范围去选择合适的实型类型。

1. 单精度实型（float）

float表示单精度实型变量。定义一个变量名为a、取值范围是$-3.4 \times 10^{38} \sim 3.4 \times 10^{38}$之间的实数。

格式：

```
float a;
```

2. 双精度实型（double）

double表示双精度实型变量。定义一个变量名为b、取值范围是$-1.79 \times 10^{308} \sim 1.79 \times 10^{308}$之间的实数。

格式：

```
double b;
```

🌑 规划设计

在了解了单精度（float）和双精度（double）两种实型变量的格式以及功能后，要想输出a和b兄弟两人各自的钱数，可以通过实型变量来实现，从而得出本课的思维导图。

⬢ 制定流程

第1步：定义单精度实型变量a；

第2步：给变量a赋值；

第3步：输出a的值；

第4步：定义双精度实型变量b；

第5步：给变量b赋值；

第6步：输出b的值。

你能根据这些步骤完善下面的流程图吗？

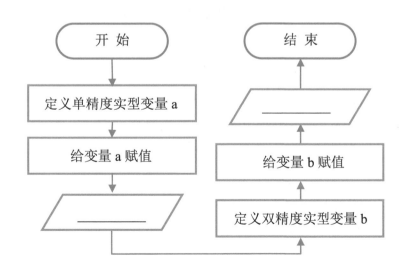

••• 探究实践

◆ 编程实现

第8课 双胞胎兄弟.cpp   — □ ×

```cpp
1  #include<iostream>
2  using namespace std;
3  int main()
4  {
5      float a;                                    // 定义单精度实型变量 a
6      a=2.35;                                     // 给变量 a 赋值
7      cout<<a<<endl;                              // 输出 a 的值
8      double b;                                   // 定义双精度实型变量 b
9      b=241748364856789123456723456789123412421 2345.5;
10     cout<<b<<endl;                              // 输出 b 的值
11 }
```

◆ 测试程序

输出a的值：2.35

输出b的值：2.41748e+042，此结果是用科学计数法表示的，可以写成十进制形式：2.41748×10^{42}。

运行结果：

```
2.35
2.41748e+042
```

◆ 易犯错误

在本程序的第8行语句中，在定义双精度实型变量b时，所用到的数据类型名称不能用float表示。由运行结果可知，$b=2.41748 \times 10^{42}$，显然超过float最大取值的范围3.4×10^{38}，无法将变量b的结果输出。

◆ 答疑解惑

在定义双精度实型变量b时，要用到的数据类型名称是double，取值在$-1.79 \times 10^{308} \sim 1.79 \times 10^{308}$范围内，这样才能将变量b的结果输出。

••• 智慧钥匙

1. 实型常量

在C++语言中，实型常量又称作实数或浮点数，包括正实数、负实数和零。实型常量有十进制表示数和科学计数法两种表示的形式。

◆ **十进制表示数形式：** 是由整数部分、小数点、小数部分组成的一种实数表示形式。小数形式表示的实型常量必须要有小数点，数的正、负用前面的"+"（可以省略）号或"−"号来区分。例如：45.67、13.64、5.0、−3.7等。

◆ **科学计数法形式：** 是指采用指数形式表示实数的方法。它是由尾数部分、小写字母e或大写字母E、指数部分组成，形式如"尾数e指数"。

2. 实型变量的定义

在C++语言中，规定程序中所有用到的实型变量都必须先定义才可以使用。例如：

float a;　　　定义变量a为单精度实型。

double b;　　定义变量b为双精度实型。

long double c; 定义变量c为长双精度实型。

3. 实型变量的取值范围

在C++语言中，常用的三类实型变量的取值范围如下表。

数据类型	名称	取值范围
单精度实型	float	$-3.4 \times 10^{38} \sim 3.4 \times 10^{38}$
双精度实型	double	$-1.79 \times 10^{308} \sim 1.79 \times 10^{308}$
长双精度实型	long double	$-3.4 \times 10^{4932} \sim 3.4 \times 10^{4932}$

••• 挑战空间

1. 试一试

观察下面程序，写出运行结果，并上机验证。

```
1   #include<iostream>
2   using namespace std;
3   int main()
4   {
5       float a;
6       a=2541748364856789123456723345.6;
7       cout<<a<<endl;
8   }
```

输出：_____

2. 一起来找茬

定义b为单精度实型变量，程序中有一处错误，根据运行的结果，你能将错误之处进行修改吗？

```
1   #include<iostream>
2   using namespace std;
3   int main()
4   {
5       float b;
6       b=3541748364856789123456723456789364856789.6;
7       cout<<b<<endl;
8   }
```

错误：_____

3. 编写程序

据统计，2019年我国人口为1400050000人，十年前2009年我国人口为1331740000人。结合本课学习的知识，通过C++编程，输出我国2019年和2009年这两年各自的人口数。

第 9 课

字母转换
——字符型

同学们都喜欢看魔术表演，在电视上可以看到白纸变钱、大变活人、隔空取物等魔术节目，奇妙有趣。本课通过C++语言编写一个程序，实现将大写字母转换为小写字母的小魔术。

●●● 准备空间

◆ 程序体验

运行程序并体验，完成以下内容填空。

```
                    ┌─ 实现功能：大写字母转换为小写字母

          字母转换 ─┼─ 实现步骤：

                    └─ 实现途径：
```

问题思考

需要思考的问题如图所示，你还能提出怎样的问题？填在方框中。

| 如何定义字符型变量? |
| 如何实现大写字母转换为小写字母? |
| |
| |

我的思考

●●● 探秘指南

学习资源

1. ASCII码值

在C++语言中，每个字母都对应一个ASCII码值。字符型数据和整型数据之间是相互通用的，对字符型数据进行算术运算，其实就是对其ASCII码值进行运算。字符型常量'A'的ASCII码值是65，字符型常量'a'的ASCII码值是97，两者差值32，所以大写字母转换为小写字母的表达式是"a=a+32"。

2. 字符型（char）

字符型只有char一种数据类型，可以定义一个变量名为a，变量a的取值范围是-128～127之间的整数。C++语言规定，在程序中所有用到的字符型变量必须在程序中先定义后使用。

格式：

```
char a;
```

规划设计

在了解了字符型变量的格式以及ASCII码值的作用后，要想在C++程序中实现大写字母转换成小写字母，可以通过字符型变量和ASCII码值的运算来实现，从而得出本课的思维导图。

制定流程

第1步：定义字符型变量a；

第2步：输出字符型变量；

第3步：给变量a+32再赋值给a；

第4步：输出a的值。

你能根据这些步骤完善下面的流程图吗？

开始

定义字符型变量 a

输出字符型变量

结束

给变量_____再赋值给 a

探究实践

编程实现

第9课 字母转换.cpp   — □ ✕

```cpp
1    #include<iostream>
2    using namespace std;
3    int main()
4    {
5        char a;          // 定义字符型变量 a
6        cin>>a;          // 输出字符型变量
7        a=a+32;          // 给变量 a+32 再赋值给 a
8        cout<<a<<endl;   // 输出 a 的值
9    }
```

● **测试程序**

输出a的值：A
运行结果：

● **易犯错误**

本程序的第6行语句中，在输出字符型变量a时，cin后面所用到的符号不能写成"<<"，否则将无法输出字符型变量a。

● **答疑解惑**

输出字符型变量a时，cin后面所用到的符号需要写成">>"，格式为"cin>>变量名"，这样才能将字符型变量a的结果输出。

● ● ● 智慧钥匙

1. 字符型常量

在C++语言中，字符型常量是指用一对单引号（英文单撇号）括起来的一个字符，不能用双引号或者其他符号。如'a'、'9'、'!'，字符型常量只能是单个字符，不能是字符串，一般作为整型数据来进行运算。字符型常量有转义字符表示形式和普通表示形式。

◆ **转义字符表示形式：**以"/"开头的特殊字符称为转义字符。

◆ **普通表示形式：**字符型常量由单个字符组成，所有字符采用ASCII编码，ASCII编码共有128个字符。在程序中，用一对单引号将单个字符括起来表示一个字符型常量，如 'b'、B'、'0'等，字符B的编码是66，字符b的编码是98，字符0的编码是48。

2. 字符型变量的定义

C++语言规定，在程序中所有用到的字符型变量必须在程序中先定义后使用，例如：

"char c1，c2；"定义变量c1、c2为字符型变量。

3. 字符型变量的取值范围

在C++语言中，字符型只用char一种数据类型，取值范围如下表。

数据类型	名称	取值范围
字符型	char	−128～127

●●● 挑战空间

1. 试一试

观察下面程序，写出运行结果，并上机验证。

```
1  #include<iostream>
2  using namespace std;
3  int main()
4  {
5      char c1,c2;
6      c1='a';
7      c2='b';
8      c1=c1-32;
9      c2=c2-32;
10     cout<<c1<<c2<<endl;
11  }
```

输出：_____

2. 编写程序

在C++语言中，常用的字符有0～9、A～Z、a～z，只要记住以下3个字符的ASCII码即可，其他的字符可以推算出来：0—48，A—65，a—97。通过编写程序，输入0～9中任意一个数字，输出结果是一个对应的字母，将数字转换为字母。

第 10 课

铁面判官
——布尔型

在C++语言中，布尔数据类型就是一个铁面的小判官，它能够皂白必分、明辨是非，帮助同学们判断对错。本课通过C++语言编写一个程序，用布尔型进行逻辑真假的判断。

●●● 准备空间

● 程序体验

运行程序并体验，完成以下内容填空。

铁面判官
- 实现功能：逻辑真假判断
- 实现步骤：
- 实现途径：

● 问题思考

需要思考的问题如图所示，你还能提出怎样的问题？填在方框中。

如何定义布尔型变量?

如何表示逻辑判断的真假值?

我的思考

••• 探秘指南

● 学习资源

1. 布尔型（bool）的介绍

布尔型(bool)提供两个值，一个true(真)，一个false(假)，从而进行逻辑判断：一件事情成立就是true，不成立就是false，值不区分大小写，即true=TRUE，false=FALSE。也可以将bool值归类为数字，按整数类型对待，true表示1，false表示0，并且可进行运算。

格式：

```
bool a =true;
bool b =false;
```

2. 布尔型（bool）的应用

当生活中有些事只有两种可能时就可以用到它，好与坏、关和开、对与错、是与非、真与假等，都可以用布尔型（bool）去定义，非常方便。

● 规划设计

知道了布尔型变量的格式和用途后，要想在C++程序中通过布尔型实现真假的判断，可以用布尔型变量的格式和输出真假值的运算去实现，从而得出本课的思维导图。

铁面判官

- 定义布尔型变量a
- 给变量a赋true值
- 定义布尔型变量b
- 给变量b赋false值
- 输出变量a的值
- 输出变量b的值

🔶 制定流程

第1步：定义布尔型变量a；

第2步：给变量a赋true值；

第3步：定义布尔型变量b；

第4步：给变量b赋false值；

第5步：输出变量a的值；

第6步：输出变量b的值。

你能根据这些步骤完善下面的流程图吗？

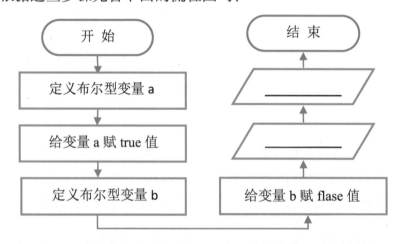

●●● 探究实践

🔶 编程实现

第10课 铁面判官.cpp ⎯ 🗗 ✕

```cpp
1  #include<iostream>
2  using namespace std;
3  int main()
4  {
5      bool a;                        // 定义布尔型变量 a
6      a=true;                        // 给变量 a 赋 true 值
7      bool b;                        // 定义布尔型变量 b
8      b=false;                       // 给变量 b 赋 false 值
9      cout<<"true:"<<a<<endl;        // 输出变量 a 的值
10     cout<<"false:"<<b<<endl;       // 输出变量 b 的值
11 }
```

测试程序

```
true:1
false:0
```

答疑解惑

布尔型只保存两个值：true值和false值，值不区分大小写。设定一个布尔型的变量，只需将true值或者false值直接赋给变量即可。

智慧钥匙

1. 布尔型变量的定义和赋值

在C++语言中，逻辑判断只存在两个值，即真和假。在程序中为了描述逻辑判断的真值和假值提供了布尔型——bool。该数据类型提供了两个值true和false，即真值和假值，true表示1，false表示0。可以将布尔型对象赋值给整型对象，反之，也可以将整型对象赋值给布尔型对象。布尔型变量在程序中先定义后再将true值或者false值直接赋给变量。

2. 数据类型转换

在C++语言中，数据类型转换是指将一种类型转换为另一种类型，或将一个表达式的结果转化为期待的类型。数据类型转换分自动类型转换和强制类型转换。当自动类型转换不能实现时，需要进行强制类型转换。强制类型转换格式有2种：第一种为"（数据类型）变量名"；第二种为"数据类型（变量名）"，如"float(4%7)"是将4%7的值转换为float型。

挑战空间

1. 试一试

观察下面程序，写出运行结果，并上机验证。

```
1   #include<iostream>
2   using namespace std;
3   int main()
4   {
5       int a;                    // 定义 a 整型变量
6       char b;                   // 定义 b 字符型
7       a='A';                    // 将字符常量赋给整型变量 a
8       b=65;                     // 将整型常量赋给字符型变量 b
9       cout<<"a="<<a<<endl;      // 输出 a 的值
10      cout<<"b="<<b<<endl;      // 输出 b 的值
11  }
```

输出：a=_____

　　　b=_____

2. 编写程序

　　稻谷堆形状近似圆锥体，圆锥体积计算公式为底面积乘高除以3，底面积用S表示，高用h表示。编写程序，输入圆锥体的底面积为45平方米，高为1.83米，计算出圆锥体的体积并输出（提示：底面积为整型，高为实型，公式V=S*h/3。计算出的体积有小数，所以需要定义为实型）。

微信扫码
观看·教学视频
下载·配套素材

第4单元

因地制宜　见机行事
——选择结构

在日常生活中，我们常常需要根据不同的情况，做出不同的选择。例如：过马路时，要依据信号灯的颜色选择停下来还是继续过马路；周末，会根据天气情况，选择是跟爸爸、妈妈到野外郊游，还是待在家里；学校组织研学旅行，有多条线路可供选择等。

在C++程序中，要想完成这样的选择，就需要利用if语句。if语句的功能是通过判断不同的条件，决定是否进行操作。

本单元内容

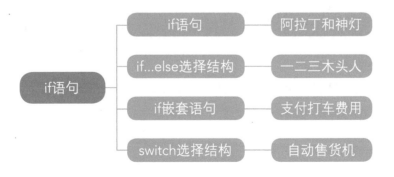

第 11 课

阿拉丁和神灯
——if 语句

少年阿拉丁在一次偶然的机会下，拥有了一盏有魔力的神灯，只要他对着神灯擦三下，就会出现一个威力强大的精灵随时听候主人的吩咐，满足主人的心愿。试编写程序实现阿拉丁召唤精灵的过程，如果输入数字为3，则精灵出现。

•••• 准备空间

◆ 理解题意

本题实际上是进行条件的判断。首先给出擦灯的次数，如果次数等于3，则输出"精灵出现"文字。

◆ 问题思考

在编程实现的过程中，需要思考的问题如图所示。你还能提出怎样的问题？填在方框中。

| 精灵出现的条件是什么？ |
| 如何根据条件判断出精灵是否出现？ |
| |
| |

我的思考

••• 探秘指南

◆ 学习资源

1. if语句格式

在C++语言中，有些程序语句是在满足一定条件下才会执行的；这种语法格式就是if语句，它的格式及功能为：

格式：

```
if (条件表达式)
语句1;
```

功能：

如果条件表达式的值为真，即条件成立，语句1将被执行；否则，语句1将被忽略，程序将按顺序从整个选择结构之后的下一条语句继续执行。

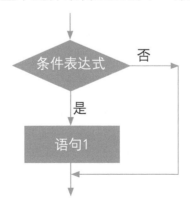

2. if复合语句格式

条件成立后执行的语句可能不止一条，此时就要借助大括号{ }把要执行的所有语句括起来。

格式：

```
if (条件表达式)
    {
        语句1；
        语句2；
        ……

    }
```

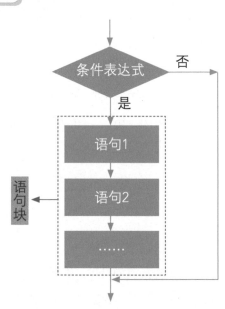

功能：

如果条件表达式的值为真，即条件成立，语句块将被执行；否则，语句块将被忽略，程序将按顺序从整个选择结构之后的下一条语句继续执行。

◆ 描述算法

本题中先输入擦灯的次数a，然后a与3进行比较，如果a等于3，则输出文字"精灵出现"。理解算法后，请在下面完成思维导图。

❶ 准备　　　输入擦了多少次灯

❷ 判断精灵是否能出现？

如果＿＿＿＿＿＿＿条件成立　　　　出现

◆ 制定流程

第1步：输入整型变量a；

第2步：判断a是否等于3；

第3步：根据条件输出结果。

你能根据这些步骤完善下面所示的流程图吗？

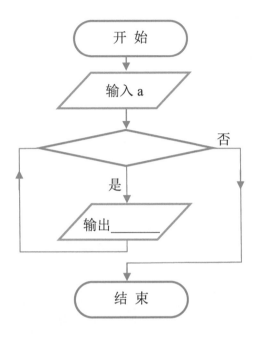

探究实践

编程实现

第11课 阿拉丁和神灯.cpp — 🗗 ✕

```cpp
1  #include <iostream>
2  using namespace std;
3  int main()
4  {
5      int a;
6      cin>>a;            // 输入擦灯的次数
7      if(a==3)           // 判断擦灯次数是否等于3
8        cout<<"精灵出现";// 输出结果
9    return 0;
10 }
```

● **测试程序**

输入a的值：3
运行结果：

● **易犯错误**

第7行语句中，条件表达式加要小括号，因选择语句并没有结束，所以语句后面不能有";"。

关系运算符"=="表示该符号的左右两边相等，不能写成赋值号"="。

● **答疑解惑**

本程序中，如果条件"a==3"成立，输出"精灵出现"文字；如果不成立，则什么也不执行。

••• 智慧钥匙

1. 关系运算符

在数学中，用 >、≥、<、≤、=、≠ 来表示数值及算术表达式之间的关系。C++语言中，同样提供了6种关系运算符。

符号	>	>=	<	<=	==	!=
含义	大于	大于等于	小于	小于等于	等于	不等于

2. 关系表达式

用关系运算符将两个表达式连接起来的式子，称为关系表达式。关系表达式的一般形式可以表示为：

表达式　关系运算符　表达式

例如，下面都是合法的关系表达式：

a>b，a+b>b+c，(a==3)>(b==5)，'a'<'b'，(a>b)>(b<c)

挑战空间

1. 试一试

观察下面程序，写出运行结果，并上机验证。

```
1  #include <iostream>
2  using namespace std;
3  int main()
4  {
5      int n;
6      cin>>n;
7      if(n%2==0)        // 判断除以2的余数是否为0
8        cout<<"是偶数";
9    return  0;
10  }
```

输入：8

输出：_____

2. 一起来找茬

以下程序是从键盘上输入一个正整数n，如果n是奇数输出y。程序中有3处错误，你能找出来在哪儿吗？

```
1  #include <iostream>
2  using namespace std;
3  int main()
4  {
5      int n;
6      char a=' ';   // 声明字符型变量
7      cin>>n;
8      if(n%2!=0);    ———————————— ❶
9                     ———————————— ❷
10      a='y';
11      cout<<a;
12                     ———————————— ❸
13    return  0;
14  }
```

错误1：_____

错误2：_____

错误3：_____

3. 完善程序

用if语句判断输入的数值，输出对应的饮品序号，输出结果。请在下面的横线上将语句补充完整。

```
1   #include <iostream>
2   using namespace std;
3   int main()
4   {
5       int drink;
6       cout<<"1代表喝可乐；2代表喝水"<<endl;
7       cin>>drink;
8       if(_____)
9        cout<<"喝可乐";
10      if(_____)
11       cout<<"喝水";
12   return  0;
13  }
```

4. 编写程序

从键盘上输入两个不相同正整数a、b，将其中较小的数存在a中，较大的数存在b中，并按从小到大的顺序输出这两个数。

第 12 课

一二三木头人
——if...else 选择结构

丁丁与同学一起玩木头人游戏。游戏的规则是：丁丁负责蒙眼，背向其他同学，叫"123"，这时候其他小朋友迅速向丁丁移动；当丁丁喊出"木头人"并转过身的时候，所有同学静止，停在原地；此时，如果有同学在动，则该同学被淘汰出局；游戏继续，丁丁再次蒙眼叫"123"，如果有同学在丁丁喊出"木头人"前碰到了丁丁，则丁丁输。试编写程序模拟游戏过程。

••• 准备空间

◆ 理解题意

本题就是让蒙眼的同学发出一条指令，根据他发出的指令，判断在其身后的小朋友是变为木头人停在原地，还是可以继续前进。

● **问题思考**

想要模拟游戏过程，需要思考的问题如图所示。你还能提出怎样的问题？填在方框中。

| 变为木头人需要满足什么条件？ |

| 如何根据判断执行两种不同的结果？ |

我的思考

●●● 探秘指南

● **学习资源**

1. if...else语句格式

在C++语言中，选择语句除了可以在条件为真时执行某些语句外，还可以在条件为假时执行另外一段代码，这时就需要利用if...else语句来完成。

格式：

```
if (条件表达式)
    {
        语句1或语句块1；
    }
else
    {
        语句2或语句块2；
    }
```

功能：

如果条件表达式的值为真，即条件成立，则执行语句1或语句块1；否则，就执行语句2或语句块2。

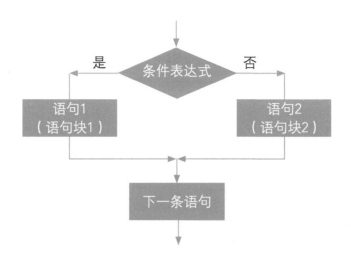

2. if...else语句与if语句的比较

if...else语句与if语句不同，if语句只有在条件成立时，才会继续执行；if...else语句在条件成立和条件不成立时，都要选择一条语句执行，它就像一列运行的高铁，有两个方向可以选择，如图所示。

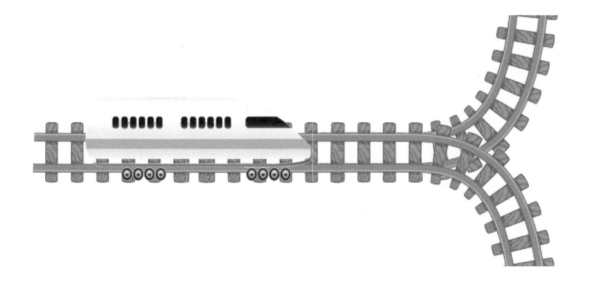

描述算法

本题中先确定存放指令变量的类型，然后输入指令，接着进行判断，如果"木头人"及"转身"两者同时成立，则停止前进，否则可以继续前进。理解算法后，请在下面完成思维导图。

制定流程

第1步：输入字符串变量n、m；

第2步：判断是否说出"木头人"3个字并转身；

第3步：根据判断输出结果。

你能根据这些步骤完善下面所示的流程图吗？

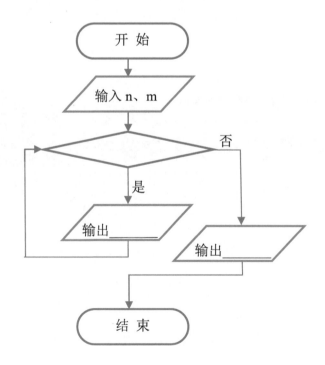

探究实践

编程实现

第12课 一二三木头人.cpp — □ ×

```cpp
1  #include <iostream>
2  using namespace std;
3  int main()
4  {
5      string n,m;                        // 声明字符串变量
6      cin>>n>>m;                         // 输入指令
7      if (n=="木头人"&&m=="转身")        // 判断指令
8          cout<<"停止前进";              // 指令正确，则变为木头人
9      else
10         cout<<"继续前进";
11     return  0;                         // 指令错误，则继续前进
12  }
```

测试程序

输入n的值：木头人

输入m的值：转身

运行结果：

易犯错误

第5行语句中，需要输入的指令内容为多个字符，故定义变量时，要定义为字符串型string，不能定义为字符型char。

第9行语句else后面省略条件，没有分号，当if后的条件不成立时，直接执行else后面的语句。

答疑解惑

第7行语句"&&"为"与"符号，表示两个条件必须同时满足，缺一个条件表达式都不成立。

智慧钥匙

1. 逻辑运算符

在C++程序中，表达式的值非零，其值为真。非零的值用于逻辑运算，则等价于1；假值总是为0。三种逻辑运算符见下表。

符号	功能
&&	逻辑与
||	逻辑或
!	逻辑非

2. 逻辑表达式

由&&、||、! 逻辑运算符连接起来的表达式，就称为逻辑表达式。逻辑表达式的运算结果是一个逻辑值"真"或者"假"。

例如：(a<4) || (a>5)、! (t==10)、(x/4==2) && 5都是合法的逻辑表达式。

三种逻辑运算的规则见下表。

A	B	!A	!B	A&&B	A||B
1	0	0	1	0	1
0	1	1	0	0	1
1	1	0	0	1	1
0	0	1	1	0	0

3. 逻辑运算符"优先级"的规则

三种逻辑运算符中，逻辑非的优先级最高，逻辑与次之，逻辑或最低。各种常见运算符优先级关系见下表。

优先级	运算符	备注
1	( )	括号
2	! + − ++ −−	逻辑非、加、减、自增、自减
3	* / %	乘、除、模（求余）
4	+ −	加、减

续表

优先级	运算符	备注
5	> >= < <=	大于 大于等于 小于 小于等于
6	== !=	等于 不等于
7	&&	逻辑与
8	||	逻辑或
9	= += -= *= /= %=	赋值、复合赋值

● ● ● 挑战空间

1. 试一试

观察下面程序，写出运行结果，并上机验证。

```
1   #include <iostream>
2   using namespace std;
3   int main()
4   {
5       int a;
6       cin>>a;
7       if (a>=60)          // 判断是否满足条件
8           cout<<"pass";
9       else
10          cout<<"请再努力！";
11      return  0;
12  }
```

输入：85

输出：_____

2. 一起来找茬

黄山风景区门票单价220元，一次购票超过10张（含）按团体价每张200元结算。现从键盘上输入购票的张数，用程序计算出门票总金额。下面程序中有3处错误，你能找出在哪儿吗？

```
1    #include <iostream>
2    using namespace std;
3    int main()
4  ┌ {
5        int n,s=0;
6        cin>>n;          // 输入人数
7        if (n>=10);                              ❶
8            s=200*n;
9        else;                                    ❷
10           s=220*n;
11       cout<<"s";        // 输出结果            ❸
12       return  0;
13 └ }
```

错误1：_____

错误2：_____

错误3：_____

3. 完善程序

输入3个整数a、b和c，判断是否满足a<=b<=c。若满足，则输出"Yes"；若不满足则输出"No"。请在下面的横线上将代码补充完整。

```
1    #include <iostream>
2    using namespace std;
3    int main()
4  ┌ {
5        int a,b,c;
6        cin>>a>>b>>c;
7        if (_____)
8            cout<<"Yes"<<endl;
9        else
10           _____
11       return  0;
12 └ }
```

4. 编写程序

对于一个三位数，如果各个数位上的数字之和可以被3或被5整除，则称它为幸运数。试编程实现，输入一个三位数，判断其是否为幸运数，如果是幸运数，则输出"lucky"；如果不是，则输出"No lucky"。

第 13 课
支付打车费用
——if 嵌套语句

　　周末，爸爸带着西西打车去博物馆参观，出租车收费情况如下：距离在3千米以内，起步价为8元；距离如果超过3千米，则会在起步价的基础上，超出的部分按每千米2元收费，超过10千米之后在2元/千米的基础上，再加价15%。试编写一程序，输入行驶的距离，计算西西需要支付的打车费用。

●●●● 准备空间

◆ **理解题意**

　　本题是根据出租车行驶的距离，计算打车的费用。计费规则如图：

◆ **问题思考**

　　想要实现出租车计费程序，需要思考的问题如图所示。你还能提出怎样的问题？填在方框中。

我的思考

| 计算打车费用，需要考虑几种情况？ |

| 超过两种情况的分支，在 C++中该如何实现？ |

●●● 探秘指南

◆ 学习资源

1. if嵌套语句

在C++语言中，当if语句的分支语句又出现了if语句时，表示程序语句有多个分支，根据不同的分支，执行对应的关联条件，这就构成了if嵌套，它的格式及功能如下：

格式：

```
if (条件表达式1)
  {
   语句1或语句块1;
  }
else  if (条件表达式2)
   {
    语句2或语句块2;
   }
  else
   {语句3或语句块3; }
```

功能：

每个if关键字都有一个else关键字相对应。当条件表达式1成立时，执行语句（块）1，否则再判断条件表达式2，如果成立，执行语句（块）2，如果条件表达式2也不成立，则执行语句3。

2. else if语句

else if语句就像一列运行的列车，从A站出发到B站，

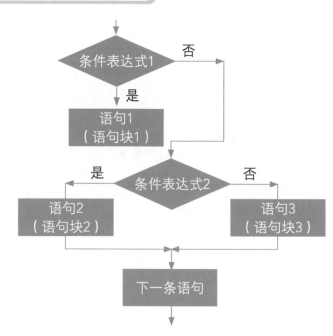

有多条路线可以选择，根据自身的条件，选择相应的线路，如下图所示。else if语句之前必须要有if语句。

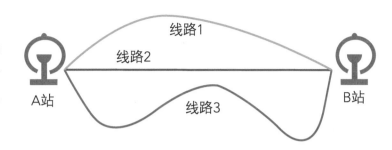

🔶 **描述算法**

本题中先确定存放行驶距离与支付费用变量的类型，然后输入行驶的距离，根据距离选择对应的计费方式。理解算法后，请在下面完成思维导图。

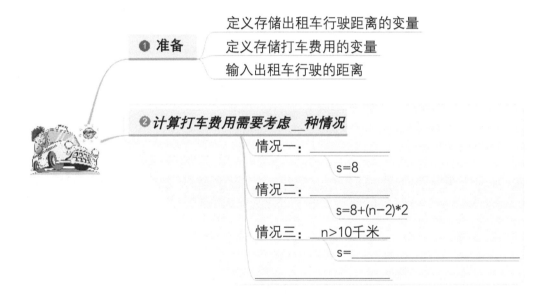

🔶 **制定流程**

第1步：定义整型变量n、浮点型变量s；

第2步：输入出租车行驶的距离n；

第3步：判断距离n满足什么条件？

第4步：根据判断，计算打车费用；

第5步：输出结果。

你能根据这些步骤完善下面所示的流程图么？

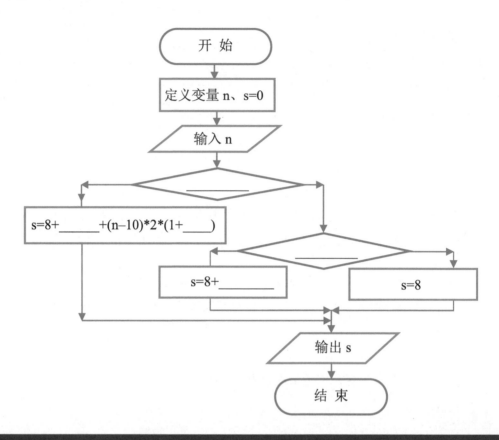

探究实践

编程实现

```
第13课  支付打车费用.cpp                              —    □    ×

 1   #include <iostream>
 2   using namespace std;
 3   int main()
 4 □ {
 5       int n;
 6       float s=0;
 7       cin>>n;              // 输入行驶的距离
 8       if (n>10)            // 判断出租车行驶距离是否超出了10千米
 9           s=8+2*(10-3)+(n-10)*2*(1+0.15);
10           else if(n>3)    // 行驶3千米以上但不大于10千米
11                   s=8+(n-3)*2;
12               else        // 出租车行驶的距离在3千米以内
13                   s=8;
14       cout<<"s="<<s;      // 输出需要支付的费用
15       return   0;
16 └ }
```

◆ 测试程序

输入n的值：12
运行结果：

```
12
s=26.6
```

输入n的值：9
运行结果：

```
9
s=20
```

◆ 易犯错误

第6行语句，用于存储费用的变量s的类型为单精度浮点型float，且不能忘记赋初值0。

第10行语句，else if之间有一个空格，不能省略。每个if关键字都对应着一个else关键字。为便于用户阅读代码，在编写代码时，要注意缩进。

◆ 答疑解惑

第8行～第13行语句，用2个if...else语句列出了出租车计费的三种情况，大于10千米的，3千米至10千米之间的，小于等于3千米以内的，分三种情况进行判断，执行不同的语句。

●●● 挑战空间

1. 试一试

观察下面程序，写出运行结果，并上机验证。

```
1  #include <iostream>
2  using namespace std;
3  int main()
4  {
5      int a,b,c,min;
6      cin>>a>>b>>c;
7      if (a<b&&a<c)        // 判断 a 是否最小
8          min=a;
9      else if(b>a&&b<c)    // 判断 b 是否最小
10             min=b;
11         else
12             min=c;
13     cout<<min;
14     return  0;
15 }
```

输入：12   34   16

输出：＿＿＿＿＿＿＿＿＿＿＿＿＿＿＿＿＿＿＿＿

2. 一起来找茬

根据《车辆驾驶人员血液、呼气酒精含量阈值与检验》中的规定，饮酒驾车是指车辆驾驶人员血液中的酒精含量大于或者等于20mg/100mL、小于80mg/100mL的驾驶行为；醉酒驾车是指车辆驾驶人员血液中的酒精含量大于或者等于80mg/100mL的驾驶行为。试编写程序，判断是否为酒后驾驶行为。你能找出问题在哪儿么？

```
1  #include <iostream>
2  using namespace std;
3  int main()
4  {
5      int a;
6      cin>>a;
7      if (a>=80) // 酒精含量大于或等于 80mg/100mL
8          cout<<"你已处于醉酒状态，请勿酒后驾驶";
9      elseif(a>=20);                              ❶❷
10             cout<<"你饮酒了，不能开车哦";
11         else; // 酒精含量小于 20mg/100mL        ❸
12             cout<<"你目前清醒，可以正常驾驶" ;
13     return  0;
14 }
```

错误1：＿＿＿＿＿＿＿＿＿＿＿＿＿＿＿＿＿＿＿＿＿＿＿

错误2：_____

错误3：_____

3. 完善程序

输入3个整数a、b和c，按从大到小的顺序输出。请在下面的横线上将代码补充完整。

```
1    #include <iostream>
2    using namespace std;
3    int main()
4   ┌{
5    │    float a,b,c;
6    │    cin>>a>>b>>c;
7    │    if (a>b)              // 确定 a 大于 b
8    │        if _____
9    │        cout<<a<<">"<<b<<">"<<c;
10   │        else if(a>c)     // c 在 a、b 之间
11   │                _____
12   │            else         // c 大于 a
13   │              cout<<c<<">"<<a<<">"<<b;
14   │    else
15   │        if(b>c)
16   │          if _____
17   │            cout<<b<<">"<<a<<">"<<c;
18   │        else
19   │            cout<<b<<">"<<c<<">"<<a;
20   │        else
21   │            cout<<c<<">"<<b<<">"<<a;
22   │    return  0;
23   └}
```

4. 编写程序

风风物流公司规定，如果距离s超过500千米，付费200元，当$300 < s \leqslant 500$付费150元，当$100 < s \leqslant 300$付费100元，当$50 < s \leqslant 100$时，付费50元，当$s \leqslant 50$，付费10元。试编写程序，实现收费计算。

自动售货机
——switch 选择结构

星星小区有一台饮料自动售货机，可以根据用户的选择弹出相应的饮料，其中可乐、芬达、牛奶、酸奶、橙汁、加多宝最畅销，现给以上饮料按1～6编号，试编程实现自动售货机模拟系统，输入编号输出饮料名称。

●●●● 准备空间

◆ 理解题意

本题实际就是提供6个数字选项，根据选择的数字，显示不同的饮料。如果输入了数字1～6以外的字符，则提示"输入错误"。

◆ 问题思考

想要模拟售货过程，需要思考的问题如图所示。你还能提出怎样的问题？填在方框中。

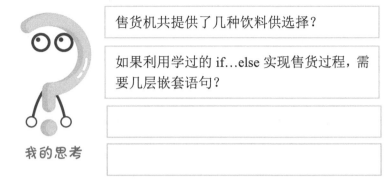

	售货机共提供了几种饮料供选择？
	如果利用学过的 if...else 实现售货过程，需要几层嵌套语句？
我的思考	

●●● 探秘指南

◆ 学习资源

1. switch语句格式

在C++语言中，当出现分支比较多的时候，虽然可以用if嵌套语句来实现，但程序结构会显得比较复杂，甚至凌乱，为方便实现多分支选择，C++语言提供了switch语句，其格式及功能如下：

格式：

```
switch (表达式)
  {
    case 常量表达式1:语句序列1; break;
    case 常量表达式2:语句序列2; break;
    ……
    case 常量表达式n:语句序列n; break;
    default:
        语句序列n+1;
  }
```

功能：

首先计算表达式的值，case后面的常量表达式值逐一与之匹配，当某一个case分支中的常量表达式值与之匹配时，则执行该分支后面的语句序列，直到遇到break语句或switch语句的右大括号"}"为止。如果switch语句中包含default，则default表示表达式与各分支常量表达式的值都不匹配时，执行其后面的语句序列。通常将default放在最后。

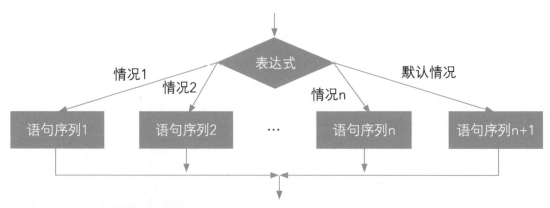

2. switch语句格式规则

在使用switch语句时，要注意以下规则：

（1）每个case或default语句后可以是一条语句，也可以是多条语句，不需要使用"{"和"}"括起来。

（2）case语句的先后顺序可以变动，不会影响程序执行结果。

（3）default语句可以省略，且语句末尾处可以不必写"break"。

描述算法

本题中先确定数字指令代表的意义，然后根据输入不同的数字判断究竟选择的是哪种饮料。理解算法后，请在下面完成思维导图。

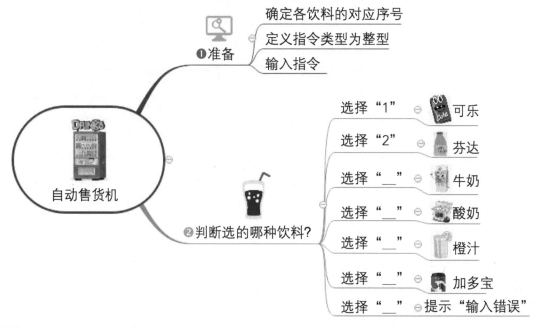

制定流程

第1步：规定每种饮料对应的序号；

第2步：定义整型变量button；

第3步：判断选择的是哪种饮料；

第4步：根据判断输出结果。

你能根据这些步骤完善下面所示的流程图吗？

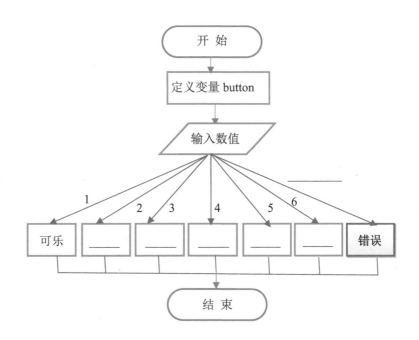

••• 探究实践

编程实现

```cpp
第14课 自动售货机.cpp                              —  ☐  ✕

 1  #include <iostream>
 2  using namespace std;
 3  int main()
 4  {
 5      int button;
 6      cout<<"可选择的按键:"<<endl;
 7      cout<<"1.可乐;    2.芬达;    3.牛奶"<<endl;
 8      cout<<"4.酸奶;    5.橙汁;    6.加多宝"<<endl;
 9      cout<<"请选择按键:";
10      cin>>button;
11      switch(button)  // 判断数值
12      {
13       case 1: cout<<"你选择了可乐"<<endl;break;
14       case 2: cout<<"你选择了芬达"<<endl;break;
15       case 3: cout<<"你选择了牛奶"<<endl;break;
16       case 4: cout<<"你选择了酸奶"<<endl;break;
17       case 5: cout<<"你选择了橙汁"<<endl;break;
18       case 6: cout<<"你选择了加多宝"<<endl;break;
19       default: cout<<"输入错误!~";
20      }
21      return  0;
22  }
```

● **测试程序**

输入button的值：2　　　　　　　　输入button的值：6
运行结果：　　　　　　　　　　　　运行结果：

可选择的按键：　　　　　　　　　　可选择的按键：
1.可乐；　2.芬达；　3.牛奶　　　　1.可乐；　2.芬达；　3.牛奶
4.酸奶；　5.橙汁；　6.加多宝　　　4.酸奶；　5.橙汁；　6.加多宝
请选择按键:2　　　　　　　　　　　请选择按键:6
你选择了芬达　　　　　　　　　　　你选择了加多宝

● **易犯错误**

第11行语句中，switch关键字后面的表达式必须是整数，不能是实数。

case语句后面可以是常量或常量表达式，但不能有变量，且每个case语句后必须有一个冒号"："。

● **答疑解惑**

case语句后的各常量表达式的值表示符合条件的6种情况，其值不能相同，否则会出现错误码。

● ● ● ● **智慧钥匙**

1. switch语句中的表达式

switch语句括号中的表达式即为要判断的条件，使用case关键字表示检验条件符合的各种情况，使用时必须注意以下几点：

（1）语句中的表达式取值只能是整型、字符型、布尔型或枚举型。

（2）switch语句检验的条件必须是一个整型表达式，其中可以包含运算符和函数调用。

（3）case语句检验的值为常量表达式或者常量运算，值的类型与表达式的类型相同。

2. break语句

每一个case或default语句后都有一个break关键字。break语句是跳转语句，当语句执行到它时，将结束该switch语句，程序接着向下执行其他语句。default后面的break语句可以省略。

3. 枚举型

枚举型是四种基本数据类型之一。常量、字符型、布尔型可以用来表达数、字符、真假的描述，对于一些有限数量的标识符（如：红、橙、黄、绿、青、蓝、紫七种颜色），用这三种基本数据类型不便表示时，就可以用枚举的方法来表达它，即把要用的所有标识符全部枚举出来。

●●● 挑战空间

1. 试一试

观察下面程序，写出运行结果，并上机验证。

```cpp
1  #include <iostream>
2  using namespace std;
3  int main()
4  {
5      char f;
6      cin>>f;
7      switch(f)
8      {
9       case 'A':case 'a': cout<<"excellent";break;
10      case 'B':case 'b': cout<<"good";break;
11      default: cout<<"general";
12     }
13     return  0;
14 }
```

输入：A

输出：_____

2. 一起来找茬

输入数字1～7表示星期一至星期日，输出对应的星期几的英文名称。你能找出问题在哪儿么？

```
1  #include <iostream>
2  using namespace std;
3  int main()
4  {
5      int day;              // 声明变量
6      cin>>day;             // 输入变量
7      switch(day);          ——————————————— ❶
8      {                     // 进行判断
9       case 1: cout<<"Monday"<<endl;——————— ❷
10      case 2: cout<<"Tuesday"<<endl;break;
11      case 3: cout<<"Wednesday"<<endl;break;
12      case 4: cout<<"Thursday"<<endl;break;
13      case 5: cout<<"Friday"<<endl;break;
14      case 6: cout<<"Saturday"<<endl;break;
15      case 7: cout<<"Sunday"<<endl;break;
16      default  cout<<"input error"<<endl;——— ❸
17      }
18      return  0;
19  }
```

错误1：_____

错误2：_____

错误3：_____

3. 完善程序

一个最简单的计算器支持+、−、*、/四种运算，仅需考虑输入输出为整数的情况。

输入一行：两个参加运算的整数和一个操作符(+, −, *, /)。

```
1  #include <iostream>
2  using namespace std;
3  int main()
4  {
5      int num1,num2;
6      char op;
7      cin>>num1>>num2>>op;
8      switch(   );
9      {
10      case ___ : cout<<num1+num2<<endl;break;
11      case '-': cout<<num1-num2<<endl;break;
12      case '*': cout<<num1*num2<<endl;break;
13      case '/': if(        )cout<<num1/num2<<endl;break;
14               else   cout<<"除数不能为0";
15      default:  cout<<"操作符错误"<<endl;
16      }
17      return  0;
18  }
```

输出运算表达式的结果。

请在下面的横线上将代码补充完整。

4. 编写程序

学雷锋手拉手活动中，小西想用自己的零花钱买一些书送给贫困学校的小朋友们，他来到书店挑了4本书，每本书的价格分别为6元、13元、15元、20元，小西想把钱用光的同时尽量使书的数量最多。输入小西的零花钱数，输出每种价格购买的数量(小西的零花钱数为大于等于35元的整数)。

样例输入：36

样例输出：

6元：6   13元：0   15元：0   20元：0

提示：小西想要把钱用光的同时尽量使书的数量最多，需尽可能买价格为6元的书。

第5单元

周而复始　不破不立
——循环结构

在日常生活中，我们常常遇到一些重复性的工作。例如：上楼梯时，一步一个台阶，不断地重复；乘坐地铁进站时，工作人员给乘客进行安全检查，不断重复；工厂工人包装食品，检查、装袋、贴标签，反复操作。

事实上，反复执行多次同样的操作，就是循环的思想。应用循环思想编写的程序，采用的就是循环结构。

在C++语言中，要完成不同形式的重复操作，可以使用for、while、do...while三种循环方式。

本单元内容

第 15 课

猴子摘桃
——for 循环

动物王国举行盛会，动物们纷纷采摘果实，以便敬献给国王。机灵鬼小猴在山上已经寻找到一些桃子，经过一个果园，发现一颗硕果累累的桃树，树上桃子又大又红。小猴打算把树上的桃子摘下来献给国王。小猴不会算数运算，只能一边摘桃子，一边数数，全部摘完后，小猴一共有多少个桃子呢？

● ● ● 准备空间

◆ 理解题意

本题实际上是将桃子一个一个摘下，再一个一个地数，只需要统计小猴数了多少次，即可知道后来摘了多少桃子，再加上小猴原先的桃子总数即可。

◆ 问题思考

在编程实现的过程中，需要思考的问题如图所示。你还能提出怎样的问题？填在方框中。

怎么进行统计计数？
每次加 1 个，需要书写多少行语句呢？

我的思考

小猴只会一个一个数，如果摘了5次，那么就有5条"s=s+1；"语句；如果摘了100次，就会有100条"s=s+1；"（或s+=1；）语句，这样太麻烦了！

•••• 探秘指南

● 学习资源

1. for语句格式

在C++语言中，有些程序语句需要不断地重复执行，这种语法格式就是for语句，它的格式及功能为：

格式1：

```
for (表达式1；表达式2；表达式3)
    语句；
```

格式2：

```
for (表达式1；表达式2；表达式3)
   {
    语句1；
    语句2；
    ……
   }
```

功能：

for语句括号里有3个表达式，其中表达式1初始化循环变量，表达式2是循环结束条件，表达式3是循环变量增值。如果表达式2条件成立，继续执行语句，否则退出循环。这里被重复执行的部分就是程序中的循环体。

2. 递增循环

递增循环是循环变量不断增加，直到超出循环终值。例如下面程序，调试程序，观察输出

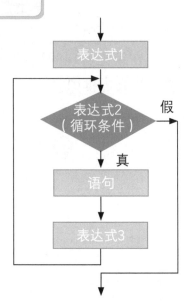

结果。

```
for (int i=0; i<10; i++)
    cout<<i<<endl;
```

说明：

首先，执行条件表达式1，定义循环变量i，并初始化为0，然后判断表达式2是否成立，条件成立时执行循环体的语句，接着执行表达式3，循环变量i的值增加1，循环往复，直到表达式2条件不成立。

3. 递减循环

循环变量除了变大，也可以不断变小，例如下面程序。

```
for (int i=9; i>0; i--)
    cout<<i<<endl;
```

说明：

for语句中循环变量初始值是9，每执行一次循环体的语句，循环变量值减小1，直到循环变量i的值不大于0。

描述算法

本题需要一个变量用来计数，不断给变量加1即可，通过循环重复执行计数。思维导图见下图。

制定流程

第1步：定义整型变量n、s；

第2步：输入n和s的值；

第3步：重复n次，每次给s加1。

你能根据这些步骤完善下面所示的流程图吗？

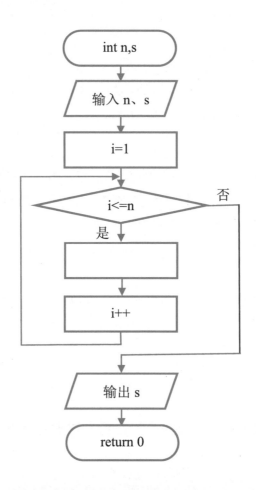

探究实践

编程实现

```
第15课  猴子摘桃.cpp                                    —  □  ×

 1  #include<iostream>
 2  using namespace std;
 3  int main()
 4  {
 5      int n,s;
 6      cin>>n>>s;       // 输入猴子摘桃子次数以及目前手上桃子数
 7      for(int i=1;i<=n;i++)
 8        s++;           // 重复给 s 加 1
 9      cout<<"猴子共有桃子数:"<<s; // 输出结果
10      return 0;
11  }
```

● **测试程序**

输入小猴开始摘的桃子数量、后来摘桃次数11、5，其运行结果：

```
11 5
猴子共有桃子数:16
```

● **易犯错误**

第7行语句，for语句表达式2中i<=n，不能写成i<n。

● **答疑解惑**

本程序中，如果循环变量i初值为0，那么表达式2的条件应该用i<n，同样可以控制循环体执行n次。

```cpp
 1    #include<iostream>
 2    using namespace std;
 3    int main()
 4    {
 5        int n,s;
 6        cin>>n>>s;
 7        for(int i=0;i<n;i++)        //i的初值为0
 8          s++;
 9        cout<<"猴子共有桃子数:"<<s;
10        return 0;
11    }
```

因此，程序在运行时，如果从键盘输入5、7，变量i的取值以及循环体的执行情况如表所示。

执行次数	循环变量i取值	循环体执行结果
1	0	s=8
2	1	s=9
3	2	s=10
4	3	s=11
5	4	s=12

●●● 智慧钥匙

1. for循环形式

C++语言很灵活，for语句除了上述形式外，还有其他几种形式。

◆ 表达式1缺省　for语句表达式1用来初始化循环变量，也可以在for语句之前初始化变量。

◆ **表达式2缺省** for语句表达式2是循环条件，判断是否继续执行循环体，如果不做判断，将会成为死循环。

◆ **表达式3缺省** for语句表达式3控制循环变量自增或自减，可以在循环体控制循环变量变化。

◆ **表达式全部缺省** for语句的表达式全部省略，可以在循环体控制循环变量变化。

```cpp
int i=1,s=0;
for (; i<=100; i++)
    s+=i;
```

```cpp
for (int i=1; ; i++)
    s=s+1;
```

```cpp
for (int i=1; i<=100;  ){
    s=s+i;
    i++;
}
```

```cpp
for ( ; ; ){
    s++;
}
```

2. for循环嵌套if

在循环体中出现if语句，可以进行条件判断，有选择地执行语句。比如输出100以内所有的偶数，就需要重复判断。

```cpp
for (int i=1; i<=100; i++){
    if(i%2==0)cout<<i<<endl;
}
```

●●● 挑战空间

1. 试一试

观察下面程序，写出运行结果，并上机验证。

```cpp
1  #include<iostream>
2  using namespace std;
3  int main()
4  {
5      int n,s=0;
6      cin>>n;
7      for(int i=1;i<=n;i++)
8        s+=i;
9      cout<<s;
10     return 0;
11 }
```

输入：10

输出：_____

2. 一起来找茬

以下程序是实现从键盘上输入n个正整数，如果输入的数是奇数就输出，两个数之间用空格隔开。程序中有3处错误，你能找出来在哪儿吗？

```
1   #include<iostream>
2   using namespace std;
3   int main()
4   {
5       int n,a,s=0;
6       cin>>n;
7       for(int i=1;i<n;i++){        ①
8           cin>>a;
9           if(a%2==0)               ②
10              s+=i;                ③
11      }
12      return 0;
13  }
```

错误1：_____

错误2：_____

错误3：_____

3. 完善程序

从键盘输入一个数n，计算n以内（包括n）所有的偶数之和，请填写下面3个空补充程序。

```
1   #include<iostream>
2   using namespace std;
3   int main()
4   {
5       int n,s=0;
6       _____
7       for(int i=1;_____;i++){
8           _____
9           s+=i;
10      }
11      cout<<s;
12      return 0;
13  }
```

4. 编写程序

【问题描述】小猴摘桃时发现并非所有桃子都能摘下来，有些桃子太高，虽然手持一根竹竿，但是依然够不着。现在知道小猴够得着的最大高度为m厘米，以及每个桃子的实际高度h，请你计算一下小猴尝试摘桃n次，一共可以摘下多少桃子（提示：猴子够得着的高度m等于h时就能摘下桃子）。

【输入说明】两行，第一行输入两个整数m和n，用空格隔开，m表示猴子够得着的最大高度，n表示摘桃次数。

【输出说明】一个整数，表示摘下多少桃子。

样例输入	样例输出
30　5 21　33　18　24　48	3

第 16 课

青蛙爬井
——while 循环

有一口深水井，井底有一只青蛙，整天只能坐井观天，小鸟告诉它外面的世界非常精彩，青蛙决定爬到井口欣赏广阔的天地。它每天白天沿井壁向上爬若干米，到了夜里休息时又会顺井壁向下滑几米。从这天早晨开始向外爬，日复一日，终有一天可以爬上去，请你帮助青蛙计算它要多少天能够爬出井口？

准备空间

🔷 理解题意

青蛙每天上爬滑落，不断地重复这一过程，因为向上爬的距离up比滑落距离down大，当青蛙上爬的总高度减去滑落的总高度大于井深时，便可以爬出井口，可见本题需要使用重复结构解决问题。

🔷 问题思考

在编程实现的过程中，需要思考的问题如图所示。你还能提出怎样的问题？填在方框中。

我的思考

需要重复执行多少次？

如果刚刚爬到井口，晚上还会滑落吗？

循环体有哪些语句？

青蛙每天实际向上爬的距离p=up-down，当青蛙距离井口最近的一次时，白天上爬up米超过井口，夜里也就不会滑落，如果刚好到达井口，此时还未爬出井口，夜里仍会向下滑落down米。

●●● 探秘指南

◆ 学习资源

1. while语句格式

在C++语言中，有些程序语句重复次数不确定，无法使用for语句实现，可以使用while语句实现，它的格式及功能为：

格式1：

```
while (表达式){
    语句；
}
```

功能：

while语句括号里有1个表达式，不同于for语句，与if语句格式有点类似，表达式都是一个逻辑表达式。在这里，表达式为真时继续执行循环体语句，否则，不再进入循环体。

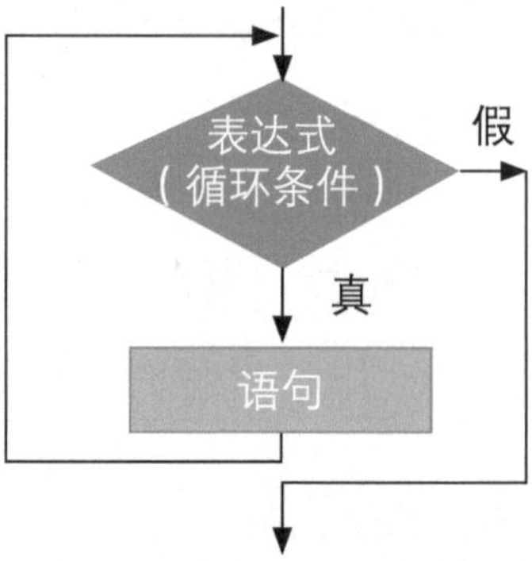

2. while语句与for语句比较

由于for循环语句将初始化、循环条件、循环变量修正都放在一起，因此，for语句常用于能够预先判断重复次数的循环；while表达式比较自由，只有一个表示真假的表达式，常用于无法事先判断循环次数的循环。

◆ 描述算法

本题需要通过几个变量来模拟青蛙上爬和滑落的过程，变量up表示每天上爬距离，变量down表示每天滑落距离，变量h表示井深，变量s表示实际上爬的距离。理解算法后，请在下图中完成思维导图。

制定流程

第1步：定义变量h、s、up、down；

第2步：输入h、up和down的值；

第3步：变量s=s+up；

第4步：判断变量s是否大于变量h；

第5步：变量s=s-down，day=day+1；

第6步：重复3～5步，直到s>h。

你能根据这些步骤完善下面的流程图吗？

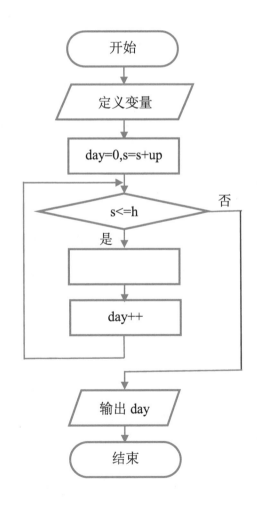

••• 探究实践

编程实现

```
第16课  青蛙爬井.cpp                                    —   □   ×

1    #include<iostream>
2    using namespace std;
3    int main()
4  ┌ {
5        int h,up,down,day=1,s=0;        // 变量 s 和 day 初始化
6        cout<<"请输入井深:";
7        cin>>h;
8        cout<<"请输入每天上爬和下滑距离:";
9        cin>>up>>down;
10       s=s+up;                         // 第一天上爬 up 米
11       while(s<=h)                     // 判断是否超过井口
12  ┌    {
13           s=s-down;                   // 向下滑落 down 米
14           s=s+up;                     // 下一天继续上爬 up 米
15           day++;                      // 经过一天
16  └    }
17       cout<<"青蛙一共需要"<<day<<"天";
18       return 0;
19  └ }
```

测试程序

例如输入：井深12米，
每日上爬3米，滑落1米
运行结果：

```
请输入井深:12
请输入每天上爬和下滑距离:3 1
青蛙一共需要6天
```

易犯错误

第5行语句，变量day=1，不能写成day=0；

第10行语句，进入while循环前，要先计算s=s+up，不能省略；

第11行语句，while条件表达式为s<=h，不能写成s<h；

第13行语句，s=s–down不能丢掉，也不要写到循环体外。

答疑解惑

本程序采用模拟方式求解青蛙爬井问题，循环体完成每天青蛙上爬、下滑过程，循环体被重复执行几次，就知道青蛙一共需要几天，但是青蛙先向上再

向下，一定要考虑青蛙即将跳出井口的最后一次，有两种情况。

情况	描述	条件表达式	结果
1	跳出井口	s+up>h	完成任务，退出循环体
2	到达井口	s+up==h	未完成任务，执行最后一次循环体

因此，本程序在进入循环体之前，先计算青蛙上爬过程，判断循环条件，决定是否完成任务，再进入循环体，开始向下滑落。

当然，本题除了使用此方法求解外，你能使用数学方法（解析法）求解吗？[提示：仍然需要判断即将跳出井口的两种情况，进而判断结果是h/(up–down)，还是h/(up–down)+1。]

●●● 智慧钥匙

1. while循环条件恒真

当while表达式结果是true，会永远执行循环体，如下面程序段就是一个死循环。

```
int i=1,s=0;
while(1){
    s+=i;
    j++;
}
```

2. 用while代替for循环

while循环也可以代替for语句，比如下面程序段，for语句表达式1写到while语句之前，表达式2和表达式3整合到while语句条件表达式，同样可以实现重复10次循环。

```
int a = 0;
while(a++<10){
  printf("hello!");
}
```

3. while与if对比

while循环与if选择结构有一个共同的特点，都要判断条件表达式的值（真或假），当表达式为真值时执行循环体（或选择结构语句），但两者有本质的区别，if选择结构仅执行一次，而while会反复判断执行，就像是一条可以执行一遍又一遍的if语句。

挑战空间

1. 试一试

观察下面程序，写出运行结果，并上机验证。

```cpp
1  #include<iostream>
2  using namespace std;
3  int main()
4  {
5      long long n;
6      int a,s=0;
7      cin>>n;
8      do{
9          a=n%10;
10         s+=a;
11         n=n/10;
12     }while(n!=0);
13     cout<<s;
14     return 0;
15 }
```

输入：3697

输出：＿＿＿＿＿＿＿＿＿＿＿＿＿＿＿＿

2. 一起来找茬

以下程序使用while循环实现2×4×…×n的乘积，从键盘输入n的值（1≤n≤15）。程序中有3处错误，你能找出来在哪儿吗？

```cpp
1  #include<iostream>
2  using namespace std;
3  int main()
4  {
5      long long n,s=0,i=2;      ——①
6      cin>>n;
7      while(i<n)                ——②
8      {
9          s=s*i;
10         i++;                  ——③
11     }
12     cout<<s<<endl;
13     return 0;
14 }
```

错误1：＿＿＿＿＿＿＿＿＿＿＿＿＿＿＿＿

错误2：＿＿＿＿＿＿＿＿＿＿＿＿＿＿＿＿

错误3：＿＿＿＿＿＿＿＿＿＿＿＿＿＿＿＿

3. 完善程序

从键盘输入一个数n，计算n以内（包括n）所有的偶数之和，请填写下面3个空补充程序。

```
1    #include<iostream>
2    using namespace std;
3    int main()
4    {
5        int s=0,____,i=1;
6        while(_____)
7        {
8            s+=a;
9            a+=i;
10           ____;
11       }
12       cout<<s;
13       return 0;
14   }
```

4. 编写程序

【问题描述】

青蛙成功爬出井口，跟随小鸟来到草原，正值草原运动会开幕，羊村喜羊羊邀请青蛙一同参加比赛，为了获得优异的成绩，需要提前训练，于是喜羊羊召集大家紧锣密鼓地训练了起来，懒羊羊也在被召集之列。喜羊羊规定了每天的训练时间，只准早到，不许迟到，而且喜羊羊会做相关记录。这下懒羊羊可惨了，他虽然设定了闹钟，可是他动作慢，老迟到。现给出若干天的规定到场时间与懒羊羊的到场时间记录，判断每天懒羊羊有无及时赶到训练场，以及迟到或早到的时间。

【输入说明】每两行时间为一组，每组中的第一行时间为规定的训练时间，第二行为懒羊羊到达训练场的时间。每行有两个整数h和m，h是以24小时计时法表示的小时数（0≤h≤24），m表示分钟数（0≤m≤59）。每组中的两个时间表示的是同一天的两个时间。若干组时间后以-1表示结束。

【输出说明】若干行，如果这一天懒羊羊及时到达了训练场，则输出"Yes"及早到的分钟数；如果没有及时到达，则输出"No"及迟到的分钟数。

样例输入	样例输出
14　30	Yes　5
14　25	No　60
8　0	Yes　20
9　0	Yes　0
13　10	
12　50	
7　25	
7　25	
-1	

第 17 课
松鼠扔球
——do...while 循环

松鼠和小猫玩扔皮球游戏，松鼠从30米高的树上向下扔球，小猫仔细观察，发现皮球着地后又弹起15米，而后每次弹起高度都是前一次的一半。松鼠和小猫想知道小球经过多少次落地后，小球弹起的高度才会低于10厘米。如果树高50米、100米呢？

●●●● 准备空间

◆ 理解题意

本题求皮球从高处落下弹起，再落下又弹起，这样不断地重复，当小球离地面高度小于10厘米时，一共经过了多少次落地。本题也需要使用条件循环求解，因为不确定重复次数。

●●●●● 皮球下落
●●●●● 皮球弹起

◆ 问题思考

在皮球弹跳过程中，要抓住问题的关键，由于能量的消耗，皮球

第1次　第2次　第3次 ……

会越弹越低。通过编程实现，除了下图中需要思考的问题，你还能提出怎样的问题？

落地次数是重复次数吗？

循环结束条件是什么？

我的思考

探秘指南

学习资源

1. do...while语句格式

在C++语言中，条件循环除了while语句外，还可以使用do...while语句实现，它的格式及功能为：

格式：

```
do{
    语句;
}while (表达式);
```

功能：

do...while语句先执行循环体语句，再判断while后的表达式，当表达式值为真时继续执行循环体语句，表达式值为假时，退出循环体。

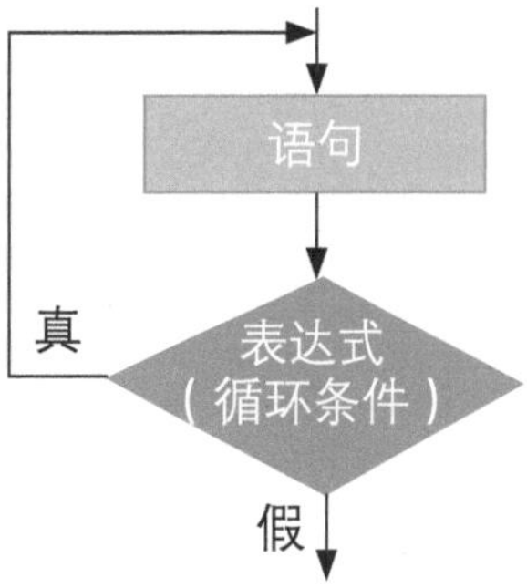

语句

真

表达式
（循环条件）

假

2. do...while语句与while语句比较

do...while和while语句都是条件循环，两者都是在条件为真时进入循环体，但是因为while表达式位置的关系，do...while语句至少能执行1次循环体，而while有可能一次都不执行。

描述算法

本题需要一个变量来记录皮球弹起高度，使用循环来模拟每次落下弹起过程，直到弹起高度小于0.01米，落地的次数便是循环体被执行的次数，因此还需要一个变量统计循环次数。思维导图如下。

⬡ **制定流程**

第1步：定义变量h、cnt=0；

第2步：输入h的值；

第3步：变量h=h/2，cnt++；

第4步：重复2,3步，直到h<0.01。

你能根据这些步骤完善下面的流程图吗？

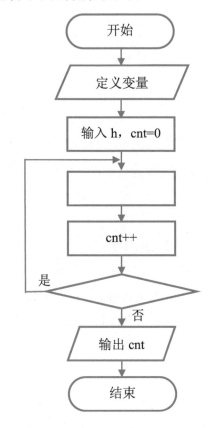

探究实践

编程实现

```
第17课 松鼠扔球.cpp                                    —  □  ×

1   #include<iostream>
2   using namespace std;
3   int main()
4   {
5       float h;
6       int cnt=0;
7       cout<<"请输入树的高度：";
8       cin>>h;                    // 输入树高
9       do{
10          h=h/2;                 // 弹球高度是上次一半
11          cnt++;                 // 统计循环次数
12      }while(h>=0.01);           // 循环条件
13      cout<<cnt;
14  }
```

测试程序

例如输入：树高30米

运行结果：

```
请输入树的高度：30
12
```

易犯错误

第1行语句，定义h变量的类型是float，不能使用整型int；

第12行语句，while表达式h>=0.01，不能写成h<0.01；

第12行语句，while表达式后要有分号。

答疑解惑

在案例问题描述中要求落地弹起后高度不低于10厘米，可见至少有一次落地过程，所以选择do...while语句再恰当不过，至于为什么变量h必须是实型，通过前面课程学习可知，整型变量进行除运算时结果为整数，忽略余数部分，从而产生误差导致结果出错。

••• 智慧钥匙

1. 用do...while代替for循环

其实在功能上，无论for循环、while循环还是do...while循环，都是控制程序重复执行循环体。for循环能实现的，do...while也能实现；do...while能实现的，for循环也能实现。比如用for循环输出0～9：

```
for(int i=0;i<10:i++)
{
    cout<<i<<" ";
}
```

用do...while如下：

```
 int i=0;
do{
    cout<<i<<" ";
}while(i<10);
```

2. break和continue

在C++语言中，break和continue都可以辅助循环语句使用，当循环体中执行到break时，则跳出当前层次的循环，继续执行循环外的语句，相当于提前结束循环体，多用在for循环中。比如下面程序，运行的结果就不是"0 1 2 3 4 5 6 7 8 9"，而是"0 1 2 3 4"。

continue是继续循环的意思，当程序执行到continue时，会跳过continue之后的语句，流程进入下一次循环体开头。同样，

```
for(int i=0;i<10;i++)
{
    cout<<i<<" ";
    if(i==5) break;
}
```

```
for(int i=0;i<10;i++)
{
    cout<<i<<" ";
    if(i==5) continue;
}
```

将上述程序中break换成continue，则结果会输出"0 1 2 3 4 6 7 8 9"。

所以，break和continue有本质的区别，简言之，break结束整个循环，continue结束本次循环。

挑战空间

1. 试一试

观察下面程序，写出运行结果，并上机验证。

```
1  #include<iostream>
2  using namespace std;
3  int main()
4  {
5      int n,s=0;
6      cin>>n;
7      do{
8          s=s*10+n%10;
9          n=n/10;
10     }while(n!=0);
11     cout<<s;
12     return 0;
13 }
```

输入：2468

输出：＿＿＿＿＿＿＿＿＿＿＿＿＿＿＿＿

2. 一起来找茬

从键盘输入一个整数，输出其各个数位之和。以下程序使用do...while循环实现，程序中有3处错误，你能找出来在哪儿吗？

```
1  #include<iostream>
2  using namespace std;
3  int main()
4  {
5      long long n;
6      int a,s;              ❶
7      cin>>n;
8      do{
9          a=n/10;          ❷
10         n=n/10;
11         s+=a;
12     }while(n!=0)          ❸
13     cout<<s;
14     return 0;
15 }
```

错误1：＿＿＿＿＿＿＿＿＿＿＿＿＿＿＿＿＿＿＿＿＿

错误2：＿＿＿＿＿＿＿＿＿＿＿＿＿＿＿＿＿＿＿＿＿

错误3：＿＿＿＿＿＿＿＿＿＿＿＿＿＿＿＿＿＿＿＿＿

3. 完善程序

从键盘输入一个数n，计算n以内（包括n）所有的偶数之和，请填写下面3个空补充程序。

```
1   #include<iostream>
2   using namespace std;
3   int main()
4   {
5       int n,num=0;
6       _____;
7       do{
8           num++;
9           _____;
10      }while(___);
11      cout<<num<<endl;
12      return 0;
13  }
```

4. 编写程序

【问题描述】有m只松鼠，其编号分别为1～m。这m只松鼠按顺序排成一个圈。现在给定一个数n，从第一只松鼠开始依次数数，数到n的松鼠出列，然后从下一只松鼠开始又从1开始依次数数，数到n的松鼠又出列……如此循环，直到最后一只松鼠出列为止。

【输入说明】中输入只有一行，包括2个整数m（8≤m≤15)，n(5≤n≤32767)。之间用一个空格分开。

【输出说明】输出m行，每行一个整数。

样例输入	样例输出
8 5	5 2 8 7 1 4 6 3

小鹿找数
——循环嵌套

动物王国计划举行一场田径运动会，1000米跑道设在山林里，国王让小鹿沿着比赛赛道添加标记，用来提醒运动员已跑的距离，而且要求凡是到达素数位置做标记，这可难为小鹿了，它压根不知道什么是素数，问了一圈也没搞明白。你能帮助小鹿找出1000以内有哪些素数吗？

●●●● 准备空间

◆ 理解题意

本题要求设立1000米赛道路标，需要知道素数具有哪些特点。掌握判断素数的方法，就可以列出1000以内所有的素数。

◆ 问题思考

一个大于1的自然数，除了1和它自身外，不能被其他自然数整除的数叫做素数。根据这个定义，判断是否是素数的关键在于该数的因数，除了下图中需要思考的问题，你还能提出怎样的问题？

比如10，它的因数有哪些，只需判断哪些自然数能够被10整除，如下表所示，除了1和10外，还有2和5，所以10不是素数。

我的思考

怎么找出它的因数？

是否有除 1 和它自身外的因数？

1	2	3	4	5	6	7	8	9	10
是	是	否	否	是	否	否	否	否	是

探秘指南

学习资源

1. 循环嵌套

在学习分支结构时，有嵌套if语句，循环结构也可以嵌套，也就是循环体中包含一个循环，无论计数循环还是条件循环都可以嵌套，常见用法有嵌套for循环，for循环嵌套while（或do...while）循环，以及while循环嵌套for循环。

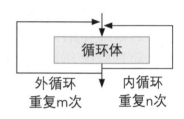

◆ 嵌套for循环　两个for循环嵌套，第一个for循环是外循环，第二个for循环是内循环，如果外循环重复m次，内循环重复n次，那么内循环体一共重复执行m×n次。

◆ 计数循环嵌套条件循环　外循环是for循环，重复固定次数，内循环是条件循环，其流程图如下图所示。

◆ 条件循环嵌套计数循环　外循环是条件循环，不确定重复次数，内循环是for循环，其流程图如下图所示。

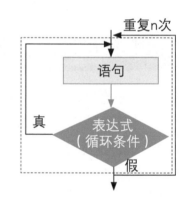

2. 素数

素数又称质数。一个大于1的自然数，除了1和它自身外，不能被其他自然数整除的数叫做素数，否则称为合数（规定1既不是素数也不是合数）。比如5，除了1和5之外，不能被其他自然数整除，所以5是素数。再如6，除了1和6之外，还能被2和3整除，所以6不是素数。

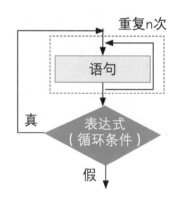

描述算法

根据素数的定义，可以通过寻找一个数字的因数来判断其是否是素数，比如判断n是否是素数，只要确定

2~n-1之间没有n的因数即可，因此需要使用for循环找因数。本题不仅判断一个数是否为素数，而是要找出1000以内所有的素数，因此还要一个for循环进行穷举。思维导图如下。

制定流程

第1步：定义变量n、f；

第2步：列举2~1000之间所有的整数；

第3步：判断列举的数是否是素数。

你能根据这些步骤完善下面的流程图吗？

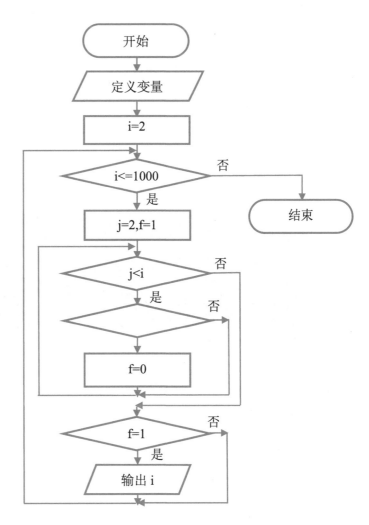

探究实践

编程实现

```
第18课  小鹿找数.cpp                                    —  □  ×

1   #include<iostream>
2   #include<iomanip>
3   using namespace std;
4   int main()
5   {
6       int n,f;
7       for(int i=2;i<=1000;i++)      // 从 2 到 1000 中列举
8       {
9         f=1;                        // 用变量 f 做标记
10        for(int j=2;j<i;j++)        // 列举 2~i-1 之间的数
11          if(i%j==0)                // 判断 j 是否为 i 的因数
12          {
13             f=0;break;             // 找到因数标记 f 为 0 并中断循环
14          }
15        if(f)cout<<setw(3)<<i<<" "; // setw(3)用来控制输出宽度
16      }
17      return 0;
18  }
```

测试程序

```
  2   3   5   7  11  13  17  19  23  29  31  37  41  43  47  53  59  61  67  71
 73  79  83  89  97 101 103 107 109 113 127 131 137 139 149 151 157 163 167 173
179 181 191 193 197 199 211 223 227 229 233 239 241 251 257 263 269 271 277 281
283 293 307 311 313 317 331 337 347 349 353 359 367 373 379 383 389 397 401 409
419 421 431 433 439 443 449 457 461 463 467 479 487 491 499 503 509 521 523 541
547 557 563 569 571 577 587 593 599 601 607 613 617 619 631 641 643 647 653 659
661 673 677 683 691 701 709 719 727 733 739 743 751 757 761 769 773 787 797 809
811 821 823 827 829 839 853 857 859 863 877 881 883 887 907 911 919 929 937 941
947 953 967 971 977 983 991 997
```

易犯错误

第9行语句，变量f必须附初始值；

第10行语句，for语句中j小于i，不是小于1000；

第11行语句，if条件是i%j==0，不是j%i==0；

第15行语句，输出i的值，不是j的值，并且这个if不在内循环。

● 答疑解惑

　　本题通过枚举法找出所有素数，关键在于判断是否有因数，所以定义变量f用来标记，在判断一个数前，先赋值1，当发现该数有除了1和自身外的因数，就将变量f赋值0，然后根据标记变量f的值判断是否输出该数。此外，为了减少判断次数，当找到一个因数就退出内循环，减少判断时间。

●●● 智慧钥匙

1. 枚举法

　　枚举法是我们在日常中使用到的最多的一种算法，它的核心思想是根据所需解决问题的条件，把该问题所有可能的解一一列举出来，并逐个检验出问题真正的解。生活中常见的枚举算法是破解密码锁，尝试所有的数字组合，直到找到正确的密码。枚举法也称为穷举法。

2. 优化素数判断方法

　　依据素数的数学定义，理论上需要排除 $2 \sim n-1$ 之间所有的整数，而实际上无需全部穷举。举个例子，比如100的因数有1，2，4，5，10，20，25，50，100。不难发现前4个因数与后4个因数成对，两者乘积正好是100，故而只要判断 $2 \sim 10$ 之间的整数，就能确定100是否为素数。因此程序代码可以进行如下优化。

```
for(int j=2;j*j<=i;j++)
  if(i%j==0)
  {
   f=0;break;
  }
```

●●● 挑战空间

1. 试一试

观察下面程序，写出运行结果，并上机验证。

```
1   #include<iostream>
2   using namespace std;
3   int main()
4   {
5       int i,j;
6       for(int i=1;i<=3;i++)
7       {
8         for(int j=1;j<=5;j++)
9           cout<<"*";
10        cout<<endl;
11      }
12      return 0;
13  }
```

输出：

2. 一起来找茬

编程打印如图所示的图形，程序中有3处错误，你能找出来在哪儿吗？

```
1   #include<iostream>
2   #include<iomanip>
3   using namespace std;
4   int main()
5   {
6       for(int i=1;i<=3;i++) ————❶
7       {
8         cout<<setw(6-i)<<" ";
9         for(int j=1;j<=i;j++)————❷
10          cout<<"*"<<endl; ————❸
11      }
12      return 0;
13  }
```

错误1：_____

错误2：_____

错误3：_____

3. 完善程序

有若干只鸡、兔同在一个笼子里，从上面数，有35个头，从下面数，有94只脚。问笼中鸡和兔各有多少只？

```
1   #include<iostream>
2   using namespace std;
3   int main()
4   {
5       int j,t;
6       for(int j=1;_____;j++)
7         for(int t=1;_____;t++)
8         {
9           if(_____)
10            if(j*2+t*4==94)
11              cout<<"鸡: "<<j<<endl<<"兔: "<<t;
12        }
13      return 0;
14  }
```

4. 编写程序

我国古代数学家张丘建在《算经》一书中曾提出过著名的"百钱买百鸡"问题，该问题叙述如下："鸡翁一，值钱五；鸡母一，值钱三；鸡雏三，值钱一；百钱买百鸡，则翁、母、雏各几何？"翻译过来，意思是公鸡一只五块钱，母鸡一只三块钱，小鸡三只一块钱，现在要用一百块钱买一百只鸡，问公鸡、母鸡、小鸡各多少只？

第6单元

数据集合　批量处理
——数组

数据是什么？不仅仅是数字，我们每时每刻都在产生数据，比如抖音APP会根据你看过的视频，收集你的喜好，从而推荐更多你喜欢的视频，你在互联网上每一个操作都会变成数据记录下来，那么如何记录如此庞大的数据集合呢？

在C++程序中如果要记录庞大的数据，一个个定义变量的方法会显得太笨重。C++早就替我们想了办法来批量存储数据，那就是数组！本单元会从一次班级的表彰选举，再到探索杨辉三角和遗传基因的奥秘，带大家走进数组的世界。有了数组，批量处理数据的速度会大大提高。

本单元内容

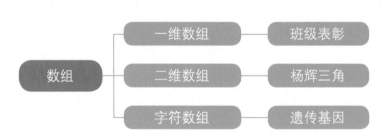

第 19 课

班级表彰
——一维数组

学期快结束了，方舟中学里负责优秀班级评选的王老师可犯了难，他要从全校50个班级中评选出一部分优秀班级进行表彰。学校评选优秀班级的规则是：班级综合得分在全校平均分以上。王老师已经有各班级的综合得分，你能编出一个程序来帮助王老师完成这项复杂的工作吗？

● ● ● 准备空间

◆ 理解题意

班级表彰这个项目可以将问题分解为三个部分：输入50个班级得分、求出全校平均分、筛选出得分高于平均分的班级。

◆ 问题思考

在完成这个项目的过程中，需要先求出全校平均分，再用平均分跟各班级成绩对比，筛选出优秀班级，所以必须要将50个数据保存起来，才可以进行后面的比较。请先思考如下问题。你还能提出怎样的问题？填在方框中。

我的思考

> 如何输入并保存 50 个数据？

> 如何计算这 50 个数据的平均值？

> 如何从 50 个数据中筛选出满足条件的数？

>

其中第一个问题解决起来比

较棘手，如果用简单变量a1,a2,...,a50存储这些数据，要用50个变量保存，程序就会很长。如果程序需要处理成千上万的数据，其读入就会变得异常复杂，这显然不是我们想要的结果。

```
cin>>a1>>a2>>a3>>a4>>a5>>a6>>a7>>a8>>a9>>a10;
cin>>a11>>a12>>a13>>a14>>a15>>a16>>a17>>a18>>a19>>a20;
cin>>a21>>a22>>a23>>a24>>a25>>a26>>a27>>a28>>a29>>a30;
cin>>a31>>a32>>a33>>a34>>a35>>a36>>a37>>a38>>a39>>a40;
cin>>a41>>a42>>a43>>a44>>a45>>a46>>a47>>a48>>a49>>a50;
```

••• 探秘指南

◆ 学习资源

1. 一维数组的概念

对于大量同类型的数据，C++语言提供了数组工具，可以实现批量定义和使用变量。当数组中的每个元素只带有一个唯一下标编号时，我们称这样的数组为一维数组。一维数组相关知识结构如下：

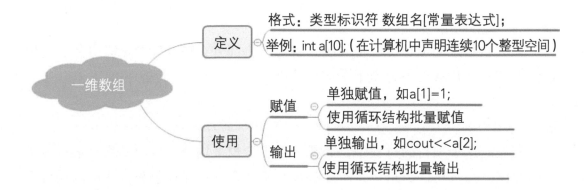

2. 一维数组的定义

格式：

> 类型标识符　数组名[常量表达式]；

说明：

数组名的命名规则与变量名的命名规则一致，用常量表达式表示数组元素的个数，不能是变量。

3. 一维数组的引用

一维数组元素的引用格式：

> 数组名 [下标] ；

例如 "int a[10];" ，其中a是数组名，该数组一共有10个元素，下标从0开始批量分配，如图所示，一共10个元素，故只分到a[9]，没有a[10]元素。

a[0]	a[1]	a[2]	a[3]	a[4]	a[5]	a[6]	a[7]	a[8]	a[9]

4. 一维数组的赋值

我们可以采用循环结构给一维数组赋值。

```
int a[10];              // 定义数组 a[10]一共 10 个元素
for(int i=0;i<10;i++)   // 定义整型变量 i,从 0 循环到 9
    cin>>a[i];          // 通过循环依次输入 a[0],a[1],..., a[8],a[9]10 个元素的值
```

● **规划设计**

在了解了一维数组的概念后，我们初步知道了如何用数组的方法来输入这50个数值，接下来再分析后面的2个问题，得出解决问题的思维导图。

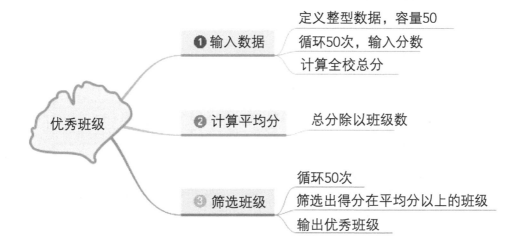

制定流程

根据对应的提示，将流程图补充完整。

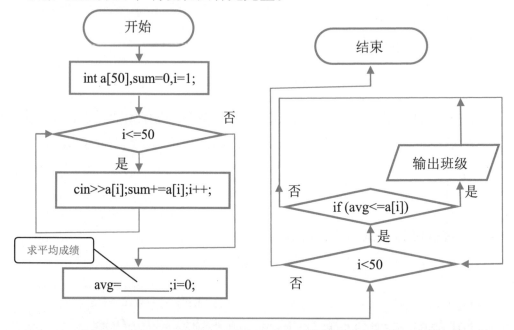

探究实践

编程实现

```cpp
第19课  班级表彰.cpp                                    —  □  ×

1    #include<iostream>
2    using namespace std;
3    int main()
4    {
5        int a[55],sum=0;
6        double avg;
7        cout<<"依次输入50个班级的总分：";
8        for(int i=1;i<=50;i++)
9        {
10           cin>>a[i];        // 用循环方法，输入 50 个数存入数组 a 中
11           sum+=a[i];        // 把每次输入的数字，累加到 sum 里面
12       }
13       avg=sum/50.0;
14       cout<<"评为优秀的班级有：";
15       for(int i=0;i<50;i++)   // 用循环方法，依次判断 50 个班级成绩
16          if(a[i]>=avg)        // 若该班级得分高于平均分,则输出班级号
17             cout<<i<<"班 ";
18       return 0;
19   }
```

测试程序

运行程序，将文件"各班级总分.txt"中的50个班级的得分复制、粘贴到程序中。

最后输出结果如下图：

易犯错误

数组最容易犯的错误是在输入时误以为是从1开始。例如用数组的方法输入5个整数，"int a[5];"意思是向系统申请a[0],a[1],a[2],a[3],a[4]5个元素的存储空间。注意：每个数组的第一个元素下标都是0开始。下标是从0～4的5个数，而不是我们习惯的从1～5这5个数。如下图所示，有两种方法可以避免犯此典型错误。

```
int a[5];
for(int i=1;i<=5;i++)
    cin>>a[i];
```

错误：
如此循环会造成 a[0] 未赋值，定义的数组 a[5]中并没有 a[5]这个元素，最大只到 a[4]，在循环中会给 a[5]赋值，造成数值丢失

```
int a[5];
for(int i=0;i<5;i++)
    cin>>a[i];
```

正确方法一：
定义数组 a[5],只给 a[0],a[1],a[2],a[3],a[4] 这 5 个元素赋值

```
int a[6];
for(int i=1;i<=5;i++)
    cin>>a[i];
```

正确方法二：
定义数组 a[6],分别给 a[1],a[2],a[3],a[4],a[5] 这 5 个元素赋值，就不容易犯错了

●●● 智慧钥匙

1. 一维数组的初始化

除了可以从键盘输入数据给程序中的数组赋值，数组的初始化还可以在定义时一并完成，有如下几种格式。

格式1：全部初始化。如"int a[5]={0,1,2,3,4};"，给数组a[0]~a[4]分别赋值。

格式2：部分初始化。"如int a[5]={1,2,3};"，只对a[0],a[1],a[2]进行了赋值，其余未被赋值的数组变量值为0。

2. 一维数组的类型

数组的含义就是相同类型数据的集合，相当于给相同类型的数据编号。那么可以是什么类型呢？实际上，定义变量是什么类型，数组就可以是什么类型，数组就是相同变量的集合。

例如：

定义5个int类型变量的一维数组：

```
int a[5];
```

定义5个double类型变量的一维数组：

```
double a[5];
```

定义5个char类型变量的一维数组：

```
char a[5];
```

定义5个bool类型变量的一维数组：

```
bool a[5];
```

●●● 挑战空间

1. 试一试

观察下面程序，写出运行结果，并上机验证。

```
1   #include<iostream>
2   using namespace std;
3   int main()
4   {
5       int a[5]={1,3,4,5,8};
6       for(int i=0;i<5;i++)
7           cout<<a[i]<<" ";
8       cout<<endl;
9       for(int i=4;i>=0;i--)
10          cout<<a[i]<<" ";
11      cout<<endl;
12      return 0;
13  }
```

输出：_____

2. 一起来找茬

以下程序用来计算键盘输入的5个数的总和，但是有错误，你能找出来在哪儿吗？

```
1   #include<iostream>
2   using namespace std;
3   int main()
4   {
5       int a[5],sum;           ——————————❶
6       for(int i=1;i<=5;i++)   ——————————❷
7           cin>>a[i];
8       for(int i=1;i<=5;i++)   ——————————❸
9           sum+=a[i];
10      cout<<sum;
11      return 0;
12  }
```

错误1：_____

错误2：_____

错误3：_____

3. 编写程序

请编写一个程序，能完成输入100个整数，并找出这100个整数中的最大值和最小值。

杨辉三角
——二维数组

杨辉

杨辉三角是中国古代数学研究的杰出成果之一，它把二项式系数图形化，把组合数内在的一些代数性质直观地从图形中体现出来，是中国数学史上一个伟大的成就。你能发现其中的奥妙并且编写程序输出"杨辉三角"的前7行数字吗？

•••• 准备空间

● 理解题意

要输出这种多行多列的数字矩阵，首先需要一个二维空间存储多行数据，然后根据每一行数据的变化规律，逐行填入数字，最后将这多行的数字逐行输出。

● 问题思考

保存一行数据可以用一维数组。在完成这个项目的过程中，需要保存多行数据，该如何保存？杨辉三角每行数据是由上一行数据计算得出的，如何计算？为了便于输出，输出的杨辉三角的图形样式可简化为如下图所示的直角三角形，该如何输出？尝试在图中写出第五行数据。

我的思考

| 1 |
| 1 1 |
| 1 2 1 |
| 1 3 3 1 |
| |

••• 探秘指南

📎 学习资源

1. 二维数组的概念

对于大量同类型的数据，实现批量定义和使用我们使用一维数组，若需要多个一维数组来存储数据，便构成"数组的数组"，称之为二维数组。因为是多行多列的二维结构，又称二维数组为矩阵。

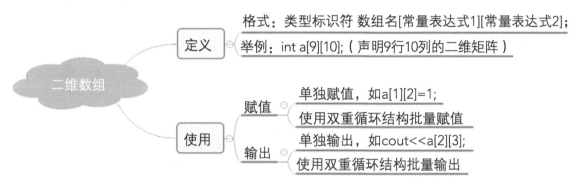

2. 二维数组的定义

因为是行列矩阵，所以二维数组的定义需要指定2个常量表达式，分别表示数组的行数和列数，其定义格式如下：

> 类型标识符 数组名[常量表达式1] [常量表达式2]；

3. 二维数组的引用

二维数组元素的引用格式：

> 数组名[下标1] [下标2]；

例如"int a[3][6];"，其中a是数组名，该数组有3行6列，共有18个元素，下标仍是从0开始批量分配，a[0][0]表示第1行第1个元素，a[2][4]为第3行第5个元素，数组末尾元素为a[2][5]。

a[0][0]	a[0][1]	a[0][2]	a[0][3]	a[0][4]	a[0][5]
a[1][0]	a[1][1]	a[1][2]	a[1][3]	a[1][4]	a[1][5]
a[2][0]	a[2][1]	a[2][2]	a[2][3]	a[2][4]	a[2][5]

4. 二维数组的赋值

可以采用双层循环结构给二维数组赋值，其中外循环控制行数，内循环控制列数。

```
int a[3][6];                    // 定义 3 行 6 列的二维数组
for(int i=0;i<3;i++)            // 外循环 3 次
  for(int j=0;j<6;j++)         // 内循环 6 次
    cin>>a[i][j];              // 依次输入数据
```

规划设计

学习过二维数组的概念后发现，若要存储杨辉三角这种行列数字，可以考虑使用二维数组，其用法如下图所示。

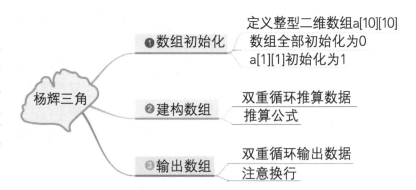

杨辉三角

❶ 数组初始化 —— 定义整型二维数组a[10][10] / 数组全部初始化为0 / a[1][1]初始化为1

❷ 建构数组 —— 双重循环推算数据 / 推算公式

❸ 输出数组 —— 双重循环输出数据 / 注意换行

制定流程

根据对应的提示，将流程图补充完整。

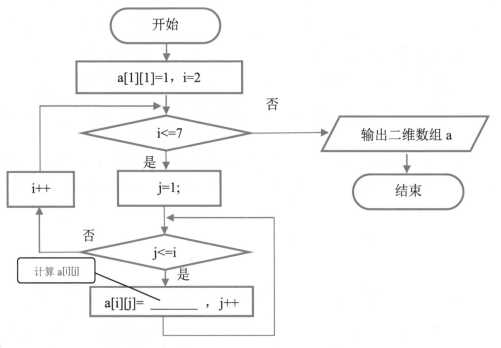

••• 探究实践

◆ 编程实现

第 20 课　杨辉三角.cpp

```cpp
1  #include<cstdio>
2  using namespace std;
3  int main()
4  {
5      int a[10][10]={0};              // 定义二维数组，初始值均为 0
6      a[1][1]=1;                      // 设置第 1 行的初始值
7      for(int i=2;i<=7;i++)           // 计算第 2 行到第 7 行的值
8        for(int j=1;j<=i;j++)
9          a[i][j]=a[i-1][j-1]+a[i-1][j];
10     for(int i=1;i<=7;i++)           // 输出这 7 行数据
11       for(int j=1;j<=i;j++)
12         printf("%-4d",a[i][j]);     // 输出时，设置每个数据常宽为 4
13       printf("\n");                 // 每输出一行后换行
14     }
15     return 0;
16  }
```

◆ 测试程序

运行程序，杨辉三角的前7行结果如下图：

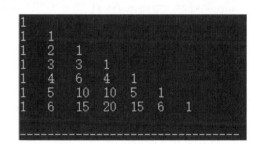

◆ 易犯错误

二维数组需要用到双重循环进行复制或访问，较容易弄混淆的是二维数组的行和列的控制，一般双重循环的外循环控制的是行数，内循环控制每行的个数。如程序中第4～第14行实现输出该二维数组，其中第7行为外循环，表示输出数组有7行，第10行为内循环，表示每行的个数跟行数保持一致。

••• 智慧钥匙

1. 二维数组的初始化

一维数组初始化的几种方法，二维数组同样也适用，格式如下：

```
① int a[3][4]={0};              // 全部初始化为 0
② int a[3][4]={1,2,3};          // 按行顺序逐个赋值，未赋值的为 0
③ int a[3][4]={{1,2,3,4},{2,3,4,5}};  // 逐行赋值，未赋值的为 0
④ int a[3][4];
   memset(a,0,sizeof(a));        // 使用 memset()函数, 将数组 a 全部初始化为 0
                                 // memset() 使用需要添加头文件 #include
                                 // <cstring>
```

2. 二维数组的规模

定义数组是在计算机的内存中声明一段连续的空间，所以定义数组的规模大小有一定的限制。在主函数main()内定义数组，总空间不得超过2MB（有些系统要求不得超过1MB），可以理解为int型一维数组元素最多不超过518028个，二维数组最好不超过700×700个。例如：

```
int a[500000];            // 定义一个长度为 50 万的一维整型数组
int a[200][2400];         // 定义一个大小为 200×2400 的二维整型数组
```

●●● 挑战空间

1. 试一试

观察下面程序，写出运行结果，并上机验证。

```cpp
1  #include<cstdio>
2  using namespace std;
3  int main()
4  {
5      int a[5][5],tot=1;
6      for (int i=0;i<=4;i++)
7        for(int j=0;j<=4;j++)
8          a[i][j]=tot++;
9      for (int i=0;i<=4;i++)
10     {
11       for(int j=0;j<=4;j++)
12         printf("%-3d",a[i][j]);
13       printf("\n");
14     }
15     return 0;
16  }
```

输出：_____

2. 一起来找茬

以下程序用于实现将一个3×3的二维数组转置，如图所示，但是代码中有两处错误，你能找出来在哪儿吗？

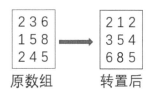

原数组　　转置后

```
1   #include<iostream>
2   using namespace std;
3   int main()
4   {
5       int a[4][4],b[3][3];————————————————❶
6       for(int i=1;i<=3;i++)
7        for(int j=1;j<=3;j++)
8            cin>>a[i][j],b[i][j]=a[i][j];——❷
9        for(int i=1;i<=3;i++)
10      {for(int j=1;j<=3;j++)
11          cout<<a[i][j]<<" ";
12      }
13      return 0;
```

错误1: _____

错误2: _____

3. 编写程序

一个标准考场，只有30个座位，并且排列方式如下图，请编写一个程序，输出下面所示的数字方阵。

1	14	15	30
2	13	16	29
3	12	17	28
4	11	18	27
5	10	19	26
6	9	20	25
7	8	21	24
		22	23

第 21 课
遗传基因
——字符数组

神奇的遗传物质DNA实际上是两条链状结构，在生物遗传学中，生物的遗传基因是双链螺旋的DNA序列，基因中有4种含碳碱基分别用

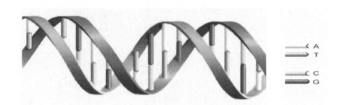

A、T、C、G表示，它们的不同组合构成千变万化的遗传物质。由于是双链结构，每一条碱基序列都有另一条与之互补的碱基序列对应，碱基互补的规则为A与T互补，C与G互补。现有一长串的碱基序列，你能编写程序输出它的互补碱基序列吗？

●●● 准备空间

◆ 理解题意

遗传基因问题可以分解为两个部分：输出一字符，再逐一访问每个字符，找出与之配对的字符组成一段新的字符串。

◆ 问题思考

跟前面数值型数组不同，一串字符的中间没有空格隔开，无法使用循环结构输入，如何输入、存储、逐一访问这些字符是本项目要思考的问题。

我的思考

| 如何输入一串字符？ |
| 如何存储一串字符？ |
| 如何访问一串字符？ |
| 如何输出一串字符？ |

探秘指南

学习资源

1. 字符数组的概念

字符的数据类型为char，单个字符的标志是单引号，如'a'、'0'、'/'等都是字符，若以数组的方式存储多个字符，便构成字符数组。

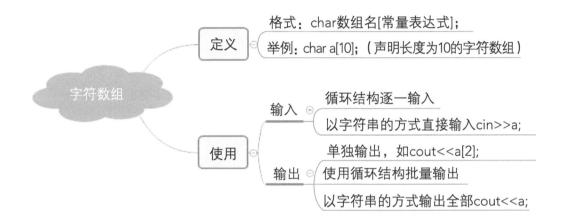

2. 字符数组的定义

字符数组所有元素的类型均为字符型，故定义时，可直接指定数组类型标识符为char，其定义格式如下：

```
char 数组名[常量表达式];
```

3. 字符数组的输入输出

字符数组的输入输出，可以使用循环结构完成，也可以以字符串的方式直接输入输出。

```
char a[20];        // 定义字符数组
cin>>a;            // 输入一段字符串存入字符数组
cout<<a;           // 输出字符数组
```

规划设计

因不知基因串的长度，故该项目不适合用循环结构输入字符，可用输入流直接输入字符串，然后用循环结构逐一访问字符匹配碱基序列。

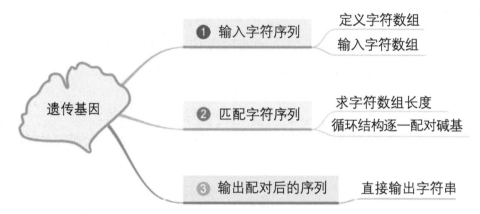

制定流程

根据对应的提示，将流程图补充完整。

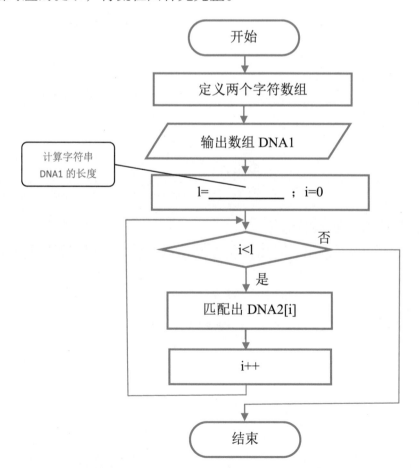

探究实践

编程实现

```
第21课 遗传基因.cpp                                    —  □  ×

 1   #include<iostream>
 2   #include<cstring>
 3   using namespace std;
 4   int main()
 5   {
 6       int l;
 7       char DNA1[1000],DNA2[1000];    // 定义两个字符数组
 8       cin>>DNA1;                      // 输入一个字符串存入数组
 9       l=strlen(DNA1);                 // 计算字符串的长度
10       for(int i=0;i<l;i++)            // 循环匹配
11           {
12            if(DNA1[i]=='A')DNA2[i]='T';
13            if(DNA1[i]=='T')DNA2[i]='A';
14            if(DNA1[i]=='C')DNA2[i]='G';
15            if(DNA1[i]=='G')DNA2[i]='C';
16           }
17       cout<<DNA2;                     // 输出匹配后的字符数组
18       return 0;
19   }
```

测试程序

运行程序，遗传基因结果如下图：

```
ATTCGGTCAGTTGCA
TAAGCCAGTCAACGT
```

易犯错误

程序的第8行为输入字符串，cin后面直接加数组名即可，不用加任何下标。

第9行strlen(DNA1)计算字符数组DNA1的字符长度，此函数的使用，需加头文件#include<cstring>。

智慧钥匙

1. 字符数组与字符串

字符数组的与字符串的区别在于，字符串的存储数组中，结尾处有'\0'这

个结束标志符，但该标志符不会被输出。

```
char a[8],b[8];                    // 定义两个字符数组
a[8]={ '1' , '2' , '3' , '4' };   // 给数组 a 以字符方式初始化
b[8]=" 1234" ;                     // 给数组 b 以字符串方式初始化
```

a数组	'1'	'2'	'3'	'4'			
b数组	'1'	'2'	'3'	'4'	'\0'		

2. 字符串的输入

对于字符数组，以字符串的方式输入输出较为方便。字符串的输入有如下三种方式。

```
① cin>>a;      // 输入流的方式输入一串字符，字符中不能含有空格，若有空格，
                    只读入第一个空格之前的内容
② scanf( "%s" ,a); // 格式化输入字符串，输入不能含有空格
③ gets(a);          // 读入一行字符串，可包含空格，读到换行符结束
```

2. 字符串的输出

字符串的输出有如下三种方式。

```
① cout>>a;      // 输出字符数组 a
② printf( "%s" ,a); // 格式化输出字符串 a
③ puts(a);          // 输出字符串 a，末尾会换行
```

●●● 挑战空间

1. 试一试

观察下面程序，写出运行结果，并上机验证。

```
1   #include<iostream>
2   #include<cstring>
3   using namespace std;
4   int main()
5   {
6       char a[20];
7       int ans=0;
8       cin>>a;
9       for(int i=0;i<strlen(a);i++)
10          if(a[i]=='1') ans++;
11      cout<<ans;
12      return 0;
13  }
```

输入：101101101

输出：＿＿＿＿＿＿＿＿＿＿＿＿＿＿＿＿＿＿＿

2. 一起来找茬

以下程序实现把输入的字符串中所有的大写字母换成小写字母，但是有错误，你能找出来在哪儿吗？

```
1   #include<iostream>
2   #include<cstring>
3   using namespace std;
4   int main()
5   {
6       char a[20];
7       int ans=0;
8       cin>>a;
9       for(int i=0;i<=strlen(a);i++)————❶
10          if(a[i]>='A'&&a[i]<='Z')
11              a[i]=a[i]+'a';————❷
12      cout<<a;
13      return 0;
14  }
```

错误1：＿＿＿＿＿＿＿＿＿＿＿＿＿＿＿＿＿＿＿＿＿＿＿＿＿＿＿＿＿

错误2：＿＿＿＿＿＿＿＿＿＿＿＿＿＿＿＿＿＿＿＿＿＿＿＿＿＿＿＿＿

3. 编写程序

编写程序，实现输入一行英文语句，统计出该句话有多少个单词组成（单词间用空格隔开，如输入"How are you"时输出3）。

第7单元

化繁为简　各个击破
——函数使用

在我们日常学习生活中，经常会遇到一些问题需要解决。在解决问题时，我们常常把问题看作一个整体，将其化繁为简成若干个简单的小问题，然后各个击破，进而达到完成任务的目的。

编写程序解决问题的过程亦是如此。当需要编写一个较大的程序解决问题时，也需要将其化繁为简为若干个简单的程序块即函数。C++程序就是由一个主函数和若干其他函数组成，主函数可以调用其他函数，其他函数之间亦可相互调用，而且函数在执行过程中还可以调用其本身，实现递归方式解决问题。下面就让我们一起来揭开函数的神秘面纱吧！

本单元内容

测量土地面积
——系统函数

举起锄头，栽下秧苗，和庄稼一同成长！学校开设劳动课，在校园内设置了一块"开心农场"，为学生们提供了劳动舞台，使其体验劳动的艰辛，收获劳动的快乐，养成爱劳动、尊重劳动、珍惜劳动成果的好习惯，明白"谁知盘中餐，粒粒皆辛苦"的道理。李华也首次拥有了自己的"一亩三分地"，他要测量这块地的面积，好计算庄稼亩产值。可是这块地是一个不规则的四边形，李华灵机一动，想到了可以利用海伦公式计算两块三角形土地的面积，于是测量出四边形土地的边长和对角线长度。你能帮助李华一起计算出这块土地的面积吗？

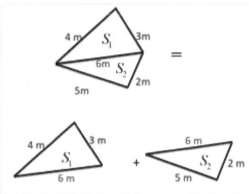

●●● 准备空间

◆ 理解题意

本题实际上就是通过三角形的三条边长，计算出三角形的面积。李华已经测量出不规则四边形土地的边长和对角线长度。根据海伦公式，需要确定 $p=(a+b+c)/2$ 表达式的计算结果，而后使用C++系统的平方根函数sqrt()求得根号下 $p(p-a)(p-b)(p-c)$ 的值，即为该三角形的面积。

注意：为确保根号下不能为负数，要先判断输入的三条边长能否满足构成三角形的条件，若能则求出结果，否则提示无法构成三角形，以增强程序健壮性。

● **问题思考**

在使用海伦公式计算三角形面积的过程中，我们首先需要判断输入的三边长能否满足构成三角形的基本条件，而后通过海伦公式计算出三角形的面积。合理的逻辑设计，提高程序的容错性和执行效率。在编程实现的过程中，需要思考的问题如图所示。你还能提出怎样的问题？填在方框中。

如何判断输入的三条边长满足构成三角形的条件？

如何使用 C++语言表达海伦公式？

我的思考

● ● ● **探秘指南**

● **学习资源**

1. 平方根函数sqrt()

在C++语言的系统库中提供了几百个函数供大家使用，如求平方根函数等。使用系统函数时需要包含相应的头文件，如 #include <math.h>，将数学函数库math.h头文件包含到编写的程序中，头文件是使用系统函数的桥梁和纽带。用C++语言实现海伦公式计算任意三角形面积，需要使用系统函数中的平方根函数sqrt()。

格式：

```
double sqrt( double );
```

功能：

sqrt( )系统函数的功能是求得一个非负实数的平方根，使用时可能需要强制类型转化，因为sqrt( )函数只支持double和float浮点数据类型。

2. 海伦公式

海伦公式是利用三角形的三条边长直接求三角形面积的公式，它为三角形和多边形的面积计算提供了新的方法和思路。如在测量土地面积的时候，只需测量三点间的距离，就可以很方便地求出土地面积。其公式如下：

$$海伦公式 \quad S=\sqrt{p(p-a)(p-b)(p-c)}$$

式中，a、b、c分别为三角形的三边长，$p=(a+b+c)/2$。

3. 函数的执行流程

C++程序的执行总是从主函数main()开始，当遇到调用函数时，程序便分支到该调用函数并执行其中的语句。一旦被调用函数执行完成后，程序流程将返回到主函数main()，继续执行调用函数后面的语句。

如图所示，程序在①处执行调用函数"displayMessage();"，当调用函数执行完后，程序流程将返回至main()主函数②处继续执行调用函数后面的cout语句。

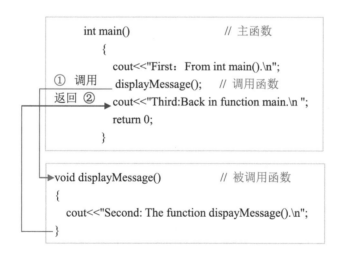

函数调用程序执行结果：

```
First: From int main().
Second: The function dispayMessage().
Third: Back in function main.
```

◆ 描述算法

本题要先判断输入的三个边长能否构成三角形，若满足构成三角形的条件，则使用海伦公式计算出三角形的面积，并输出结果；否则反馈提示信息。在理解算法后，请在图中完成思维导图。

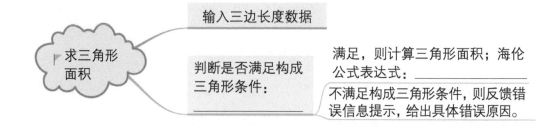

🔲 **制定流程**

第1步：定义浮点型变量a、b、c，存储输入的三条边长数据；

第2步：判断三条边a、b、c的长度能否构成三角形，即任意两边和大于第三边；

第3步：根据能否构成三角形的条件，输出相应结果或提示信息。

你能根据这些步骤完善下面的流程图吗？

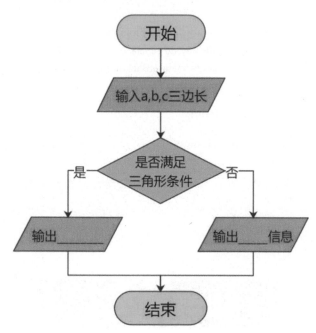

探究实践

编程实现

```cpp
第22课 测量土地面积.cpp                           —  □  ×

1    #include <iostream>
2    #include <math.h>
3    using namespace std;
4    int main()
5    {
6        float a,b,c,p,s;
7        cout<<"请依次输入三角形的边长：";
8        cin>>a>>b>>c;
9        cout<<"输入三边长为：a="<<a;
10       cout<<" b="<<b<<" c="<<c<<endl;
11       if(a+b>c&&a+c>b&&b+c>a)          // 任意两边之和大于第三边
12       {
13           p=(a+b+c)/2;
14           s=sqrt(p*(p-a)*(p-b)*(p-c));  // 海伦公式求三角形面积
15           cout<<"三角形面积为："<<s;
16       }
17       else
18           cout<<"不符合构成三角形的条件！";
19   }
```

测试程序

```
请依次输入三角形的边长：4 3 6
输入三边长为：a=4 b=3 c=6
可以构成一个三角形,计算其面积为：5.33268


请依次输入三角形的边长：12 31 45
输入三边长为：a=12 b=31 c=45
不符合构成三角形的条件！
```

易犯错误

第11行语句中，用if语句判断输入的三边长能否满足构成三角形的条件。很多读者忘记先判断能否构成三角形，而直接使用sqrt( )函数计算，可能会导致计算错误，因为根号内必须是一个非负实数，如果输入的三边长无法满足构成三角形的条件，计算结果则失去意义，浪费计算资源。

● **答疑解惑**

本程序中，先判断输入的三个边长能否满足构成三角形的条件，即
"a+b>c && a+c>b && b+c>a"，&& 符号为"与"的关系。如果满足构成三
角形的条件，则利用海伦公式计算出三角形的面积；如果不满足，则给出相应
的错误信息反馈。

••• 智慧钥匙

1. 主函数main()

C++程序由一个主函数main()和若干子函数组成。主函数是程序执行的起
点，主函数main( )的一般形式为：

```
int main( int argc, char* argv )
    {
            /*声明、语句*/
            return 0;
    }
```

其中，"return 0;"为主函数main()的返回值，返回值用于说明该程序的
退出状态。如果返回0，则代表程序正常退出，否则代表程序异常退出。

2. 系统函数

C++语言的系统库中提供了各类系统函数，它们分别存放在不同的 *.h头
文件中。在使用系统函数时，应注意以下几点：

(1)需要知道系统函数在哪个头文件中。调用某个系统函数时，必须将函
数所在的头文件包含在调用的程序中，否则连接不上，造成调用函数报错。

(2)使用系统函数时，应将该函数的返回值赋值给一个对应类型的变量，
或者进行强制类型的转换，否则可能会出现类型不匹配的警告错误。

C++语言中，常用系统函数及其头文件见下表：

头文件类型	函数原型	功能描述
数学类 <math.h>	double pow (double x, double y);	求x的y次幂
	double sqrt (double x);	返回x的开方值
	double ceil (double x);	不小于x的最小整数
	double floor (double x);	不大于x的最大整数
字符类 <ctype.h>	int isalpha(int c);	判断字符c是否为字母
	int tolower(int c);	将字符c转换为小写字母
	int toupper(int c);	将字符c转换为大写字母
字符串类 <string.h>	int strcmp(s1,s2) ;	比较两个字符串是否相等
	unsigned strlen(char *s1);	求字符串s1长度
其他类 <stdlib.h>	void srand(unsigned seed)	初始化随机数发生器
	int rand();	产生0~RAND_MAX的随机数
	exit(int);	关闭所有文件，终止正在执行的进程

●●● 挑战空间

1. 试一试

观察下面程序，请上机实践验证，并写出字符串长度。

```
1   #include <iostream>
2   #include<string.h>
3   using namespace std;
4   int main()
5   {
6       char he[]="Hello",wd[]="World!",zg[]="我和我的祖国";
7       cout<<"Strlen-he= "<<strlen(he)<<endl;
8       cout<<"Strlen-wd= "<<strlen(wd)<<endl;
9       cout<<"Strlen-zg= "<<strlen(zg)<<endl;
10      return 0;
11  }
```

输出：_____

2. 完善程序

家用智能门锁输入密码口令可以打开房门。试编写程序模拟智能门锁，直至输入正确口令才能打开门锁，假设口令为hello。

```cpp
1   #include <iostream>
2   #include<string.h>
3   using namespace std;
4   int main()
5   {
6       char pwd[]="hello",pass_ent[20];
7       cout<<"请输入口令: ";
8       while(true) {
9           cin>> pass_ent;
10          if(                         )
11          {
12              cout<<"口令输入正确！欢迎回家！"<<endl;
13              break;
14          }
15          else
16          {
17              cout<<"警告：口令错误！请重新输入：";
18          }
19      }
20      return 0;
21  }
```

答案：_____

3. 编写程序

编程实现计算 $1^1+2^2+3^3+\cdots+n^n$，其中n为用户输入的任意整数（提示：要考虑结果可能超出长整型数的表示范围）。

```cpp
1   #include <iostream>
2   #include<math.h>
3   using namespace std;
4   int main(){
5       int i(0),n(0);            // 初始化变量i和n为0
6       long double sum=0;
7       cout<<"计算: 1^1+2^2+3^3+… … +n^n=? \n";
8       cout<<"请输入值n=";
9       cin>>n;
10      for(i=1;i<=n;i++)         // 计算 i 的 i 次幂
11          sum+=pow((double)i,(double)i);
12      cout<<"1^1+2^2+… … +"<<n<<"^"<<n<<"="<<sum;
13      return 0;
14  }
```

第 23 课

健康体质指数
——自定义函数

学校倡导"文明精神 野蛮体魄",要求学生养成体育锻炼的好习惯。于是丁丁和李华想为全班同学做一次体重健康筛查,宣传体育健康知识。通过查阅资料他们了解到,较理想和简单的指标为体质指数BMI(Body Mass Index)。当指数介于18.5～23.9之间,为正常体重,而过高或过低均易引起各类疾病。你能帮助他们设计一个自定义函数快速计算体质指数吗?

BMI 中国标准

分类	BMI 范围
偏瘦	<= 18.4
正常	18.5 ~ 23.9
过重	24.0 ~ 27.9
肥胖	>= 28.0

●●●● 准备空间

◆ 理解题意

查阅资料了解体质指数计算公式为:BMI等于体重(kg)除以身高(m)的平方。由计算公式可知体质指数的计算需要提供体重(kg)、身高(m)变量,而后根据BMI公式计算结果,结合中国人体质特征,给出相应体重信息反馈,进而完成自定义函数的编制,提高体重健康筛查的工作效率。

◆ 问题思考

要计算每位同学的体质指数,并给出相应的体重信息反馈,首先需要考虑将体重、身高变量数据传递给函数,函数依据公式计算体质指数,将该指数与BMI参考标准比较,然后反馈信息,如完美身材、加强体育锻炼、要减肥啦、注意营养均衡等。本题需要思考的问题如图所示。你还能提出怎样的问题？填在方框中。

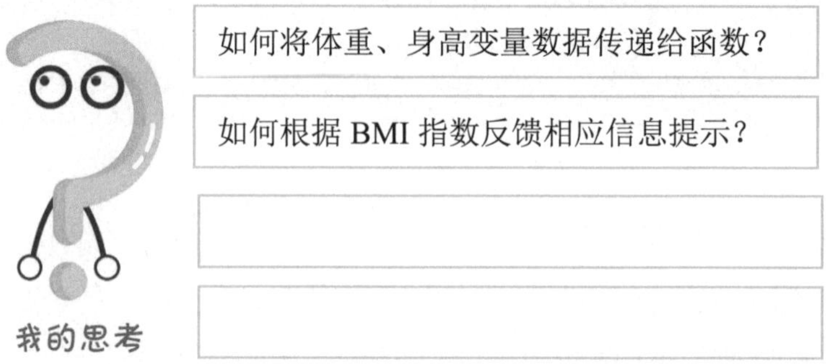

| 如何将体重、身高变量数据传递给函数？ |
| 如何根据 BMI 指数反馈相应信息提示？ |
| |
| |

我的思考

••• 探秘指南

学习资源

1. 自定义函数

C++语言虽然提供了丰富的系统函数，但这些函数有时无法满足我们解决个性化的问题，如体质指数函数。通过自定义函数不仅可以实现个性化需求，增强系统功能，提高编程模块化水平，还可以减少重复编写程序代码，提高程序执行效率，使程序更易于维护和优化。自定义函数定义格式为：

```
<类型>   <函数名> （<形参表>）
    {
        <函数体>
    }
```

◆ 类型：是函数返回值的数据类型。有些函数执行所需的操作而无返回值，这种情况下，类型关键字可定义为void型。

◆ 函数名：是函数的调用名称。函数的命名要做到"见名知意"，如"add_int(a,b);"是实现两个整型数的加法函数。

◆ 形参表：当函数被调用时，是向函数传递数值的变量窗口。形参表包括形式参数的类型、顺序和数量，自定义函数也可以没有形参表。

◆ 函数体：包含一组自定义函数需要执行的任务语句。

2. 函数的类型和返回值

函数调用是一种表达式，该表达式的值就是函数的返回值，返回值类型应与函数类型保持一致，函数的返回值通过返回语句return实现，如：

return <表达式>；

若<表达式>的类型与函数类型不同时，将强制<表达式>的类型转换为函数的类型，且可能存在误差。若函数无返回值，则必须用void说明函数类型。return语句除了返回值外，还有结束当前函数执行的作用。

3. 函数的调用

函数的调用格式为：

<函数名>（<实际参数表>）

例如：

strcpy(s1,s2); //将实参字符串s2复制给字符数组s1

strcmp(s1,s2); //用于对两个字符串比较，若s1等于s2返回值为0

在C++语言中，调用函数的实际参数（实参）个数由形参表决定，调用函数时用实际参数值初始化形式参数（形参）。因此，实参的个数和类型要与形参表中的个数和类型保持一致，即第一个实参的值赋给第一个形参，第二个实参的值赋给第二个形参，以此类推。

◆ **描述算法**

首先提示输入体重、身高变量数据，然后调用自定义函数计算BMI指数。参照BMI中国人体质标准，根据自定义函数计算BMI结果，提供对应的体质信息反馈。理解算法后，请在下图中完成思维导图。

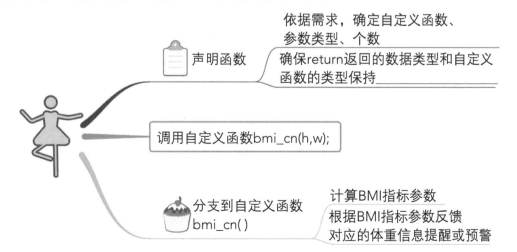

声明函数
依据需求，确定自定义函数、参数类型、个数
确保return返回的数据类型和自定义函数的类型保持_____

调用自定义函数bmi_cn(h,w);

分支到自定义函数bmi_cn( )
计算BMI指标参数
根据BMI指标参数反馈对应的体重信息提醒或预警

● **制定流程**

第1步：定义体重、身高变量w、h；

第2步：调用自定义函数计算体质指数BMI；

第3步：根据BMI指数参考标准，输出信息提示。

你能根据这些步骤完善流程图中的信息提示吗？

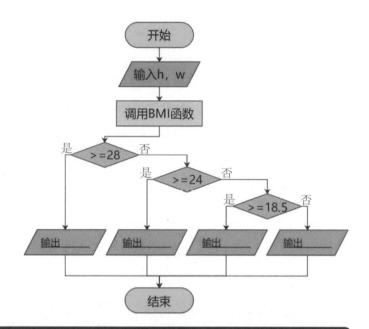

探究实践

● **编程实现**

第23课 健康体质指数.cpp

```cpp
1    #include <iostream>
2    #include <math.h>
3    using namespace std;
4    void bmi_cn(float ht,float wt);   // 声明自定义函数
5    int main()
6    {
7        float h,w;                    // 存储身高、体重变量
8        cout<<"请依次输入体重(kg)、身高(m): \a ";
9        cin>>w>>h;
10       cout<<"体重: "<<w<<"kg\t 身高: "<<h<<"m"<<endl;
11       bmi_cn(h,w);                  // 调用自定义函数
12   }
13   void bmi_cn(float ht,float wt){
14       float bmi;
15       bmi=wt/pow(ht,2.0);   // 体重(kg)除以身高(m)平方
16       cout<<"体质指数BMI="<<bmi<<"\t";
17       if(bmi>=28.0)         // 参照BMI中国指标提示信息
18           cout<<"一定要减肥啦！";
19       else if(bmi>=24)
20           cout<<"加强体育锻炼哦！";
21       else if(bmi>=18.5)
22           cout<<"完美身材！";
23       else
24           cout<<"偏瘦，要加强营养！";
25   }
```

💠 **测试程序**

```
请依次输入体重(kg)、身高(m)：62 1.70
体重：62Kg        身高：1.7m
体质指数BMI=21.4533    完美身材！
```

💠 **易犯错误**

第4行，如果一个自定义函数在主函数main()后面定义，而调用在前，则在调用前必须先声明自定义函数。

第15行，系统函数pow(x,y)包含于#include<math.h>头文件中，该函数返回以x为底的y次幂的计算结果值。

💠 **答疑解惑**

第17～第24行语句中对bmi变量的条件判断从大到小依次筛查，可以简化条件判断，避免"bmi>=24.0 && bmi<28"的复杂条件判读，合理的逻辑顺序可以简化条件判断，提高程序执行效率。

●●● 智慧钥匙

1. 自定义函数形参的默认值

在自定义函数时，允许给一个或多个参数指定默认值，例如：

int add_int(int a, int b=5, int c=10); //形参表中，b默认值为5，c默认值为10

当实参的数量不足时，编译器按从左到右的顺序，用自定义函数声明时的默认值来补足缺少的实参，且默认值一定要写在自定义函数声明的地方。如下列函数调用表达式的结果是相等的：

add_int(15)   // 结果为30
add_int(15,5)   // 结果为30
add_int(15,5,10)   // 结果为30

2. 函数的形参、实参

函数的声明格式：<类型> <函数名>（<形参表>）

函数的调用格式：函数名（<实参表>）；

形参表即为声明函数时的形式参数列表，实参表即为调用函数时的实际参数列表。实参可以是常量、变量或表达式，形参必须要明确变量类型、数量和顺序，且实参应与形参一一对应。

在未调用函数时，形参并不占用内存空间，只有在函数调用时，形参才被分配内存空间。当调用结束后，形参所占用的内存空间会被释放。函数调用的方式有如下三种：

（1）作为语句：

函数名（实参列表）

（2）作为表达式：

变量名=函数名（实参列表）

（3）作为另一个函数的参数：

cout<<函数名（实参列表）

3. 函数内的变量及其作用范围

在自定义函数内部定义的变量，包含形式参数变量在内，均为局部变量，只在该函数内部起作用。因此，在不同函数内部定义的变量，不必担心发生同名冲突的现象。

在自定义函数内定义的变量与自定义函数同存亡，即自定义函数被调用时，这些变量就被启用，函数结束时，这些变量也会自动消亡。

●●● 挑战空间

1. 试一试

编写一个自定义函数check()，实现从键盘上输入两个数a和b，比较后将其中的一个数值输出。

```
1    #include <iostream>
2    using namespace std;
3    int check(int a,int b)
4    {
5        if(a==b)return 0;
6        return a>b?a:b;
7    }
8    int main()
9    {
10       int a,b;
11       cout<<"请分别输入a、b: ";
12       cin>>a>>b;
13       cout<<check(a,b);
14       return 0;
15   }
```

若 ___ a= 23 ___ b= 56 ___ 输出：_____

若 ___ a= 49 ___ b= 49 ___ 输出：_____

2. 一起来找茬

"九九"口诀是从"一一得一"开始，到"九九八十一"为止，请同学们利用学习到的C++语言知识找出下面九九表程序中的错误。

```
1x1=1
1x2=2 2x2=4
1x3=3 2x3=6  3x3=9
1x4=4 2x4=8  3x4=12 4x4=16
1x5=5 2x5=10 3x5=15 4x5=20 5x5=25
1x6=6 2x6=12 3x6=18 4x6=24 5x6=30 6x6=36
1x7=7 2x7=14 3x7=21 4x7=28 5x7=35 6x7=42 7x7=49
1x8=8 2x8=16 3x8=24 4x8=32 5x8=40 6x8=48 7x8=56 8x8=64
1x9=9 2x9=18 3x9=27 4x9=36 5x9=45 6x9=54 7x9=63 8x9=72 9x9=81
```

```cpp
1    #include <iostream>
2    #include <iomanip>
3    using namespace std;
4    int main() {
5        int width;
6        for (int i = 1; i <= 6; i++) {      ← ❶
7            for (int j = 1; j <= i; j++) {
8                width = (j = 1) ? 1 : 2; // 留出间隔 ← ❷
9                cout << j << "x" << i << "=" ;
10               cout<< setw(width) <<left <<   j << " ";    ← ❸
11           }
12           cout << endl;
13       }
14       return 0;
15   }
```

错误1：_____

错误2：_____

错误3：_____

3. 完善程序

李华设计一个可以根据输入的年份，判断是否为闰年的程序，请同学们补充完整。

普通闰年：能被4整除，不能被100整除，如2004年、2020年是普通闰年。

世纪闰年：能被4整除，也能被100和400整除，如1900年不是世纪闰年，而2000年是世纪闰年。

```
1    #include <iostream>
2    using namespace std;
3    void leap_year(int year);
4    int main()
5    {
6        int year;
7        cout << "请输入年份: ";
8        cin >> year;
9        leap_year(year);
10       return 0;
11   }
12   void leap_year(int year){
13       if (year%4==0 &&year%100==0 &&year%400==0)
14           cout << year << "是          ";
15       else if(year%4==0 &&year%100!=0)
16           cout << year << "是          ";
17       else
18           cout << year << "是          ";
19   }
```

4. 编写程序

有一种很简单的密码，对明文中的每个字母，用它后面的第5位字母来代替，这样就得到了简单的密文，比如字母A(a)用F(f)代替。如下是明文和密文的字母对应关系。

明文：A B C D E F G H I J K L M N O P Q R S T U V W X Y Z

密文：F G H I J K L M N O P Q R S T U V W X Y Z A B C D E

请编写程序对输入的明文按上述规则加密，明文中非字母的字符不用进行加密。

第 24 课
军训快速排队
——递归函数

新生军训开始了，新兵班长李华接到任务，需要对各位学员按照编号由小到大进行排序，以便于军训方阵有序站位。由于新生学员数量较多，李华准备使用C++语言对这些编号进行处理。为了实现高效排序，李华对军训学员采用快速排序的算法。让我们一起帮助李华完成这个军训任务吧！

● ● ● 准备空间

◆ 理解题意

本题虽是对编号排序，但其实质就是对数据进行排序。为了满足高效排序的需求，采用快速排序算法。将待排数据分别和基准值比较，比基准值小的交换到基准前面，比基准值大的交换到基准值后面。待排数据被分隔成独立的两部分，其中一部分比另一部分小，再分别对这两部分记录继续排序，以达到整个序列有序。

◆ 问题思考

在编程实现的过程中，需要思考的问题如图所示。你还能提出怎样的问题？填在方框中。

> 快速排序的基准值如何选择？

> 如何实现数组元素之间的跳跃式交换？

我的思考

探秘指南

学习资源

1. 递归函数

从一个地方出发，回到出发的地方，就完成了一次循环，而不断重复这个循环，就是递归。递归可以简单理解为先层层递进缩小范围寻求结果，得出结果后再逐步回归。用递归方法解决问题的情境为：原有问题的解决能够分解为多个新问题，而新的问题又用到了原有的算法。这样便会在自定义函数决解问题的代码中，再次调用函数本身，以此类推。这种解决问题的思路简捷清晰，程序可读性强、便于理解。但在实际使用中，递归方式解决问题消耗的时间比较长（相比for循环和while循环），如图所示。

2. 快速排序

快速排序的基本思路是将整体按照一定方式划分为两个部分，再分别对每个部分按照同样方式再划分为两个部分，以此类推。具体思路如下：

（1）从数组中抽出一个元素作为参考值V，取第一个或最后一个或中间的元素均可。

（2）将剩余元素中小于V的移到V的左边，大于V的移到V的右边，如图所示。

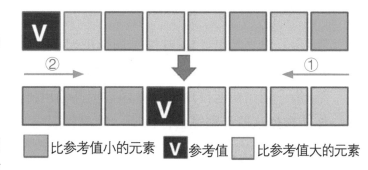

比参考值小的元素　V 参考值　比参考值大的元素

（3）虽然将数组划分为左右两部分，但两侧内部的数据还是无序的，需要再次分别对参考值V两侧数据重复（1）（2）步骤，直到所有元素排序完成，得到一个有序的数组。

描述算法

首先在需要排序的数组中选择一个参考值V，为了方便，选择第一个元素作为参考值。分别从初始数组两端开始"探测比较"，先从右往左与参考值比较，如上图①所示，如果找到小于等于参考值的元素，则暂停比较；再从左往右与参考值比较，如上图②所示，如果找到大于等于参考值的元素，也暂停比较。然后将上述两个元素进行交换，以此类推。"探测比较"完成后，数组中小于V的元素都移到了V的左边，大于V的元素移到了V的右边。但两侧内部仍然是无序的，需要再分别对参考值V两侧数据重复以上步骤直到所有元素排序完成。

理解算法后，请在下图中完成思维导图。

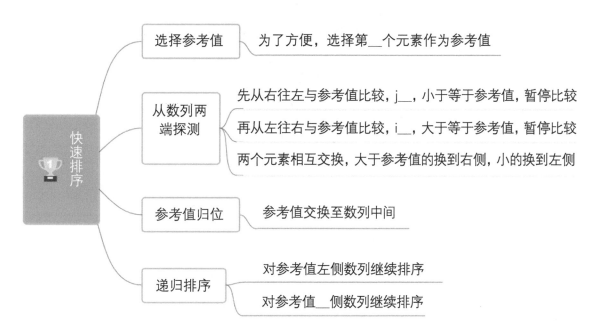

● **制定流程**

第1步：定义数组a[ ]，存储军训学员编号；

第2步：依次读取n个军训学员的编号数值；

第3步：调用快速排序自定义函数，并输出排序后结果。

你能根据这些步骤完善下面所示的流程图吗？

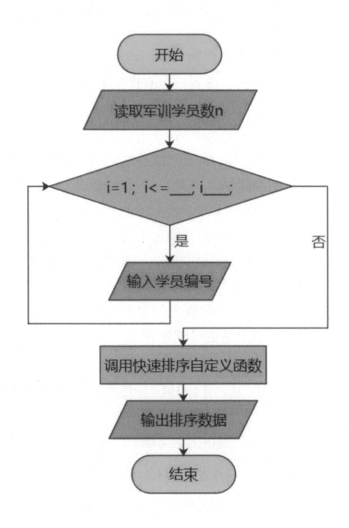

开始

读取军训学员数n

i=1; i<=___; i___;

是 否

输入学员编号

调用快速排序自定义函数

输出排序数据

结束

探究实践

编程实现

```
第 3 课 军训快速排队.cpp                                    —  □  ×

 1    #include <stdio.h>
 2    using namespace std;
 3    void quicksort(int p[],int left,int right) {
 4        int i=left, j=right,temp,pivot;
 5        if(i>j) return;
 6        pivot=p[i];        // 选择左侧第一个值为参考值
 7        while(i!=j){
 8            while(p[j]>=pivot && j>i)
 9                j--;       // 右边元素大于参考值退出循环
10            while(p[i]<=pivot && j>i)
11                i++;       // 左边元素小于参考值退出循环
12            if(j>i){       // 将数组左右元素跳跃式交换
13                temp=p[i];
14                p[i]=p[j];
15                p[j]=temp;
16                }
17            }
18        temp=p[left];      // 循环探测结束后将参考值居中
19        p[left]=p[i];
20        p[i]=temp;
21        quicksort(p,left,i-1);   // 参考值左侧部分排序
22        quicksort(p,j+1,right);  // 参考值右侧部分排序
23    }
24    int main() {
25        int n,a[900];
26        printf("\n\t请输入军训学员人数: ");
27        scanf("%d", &n);   // 变量名前添加地址运算符
28        for(int i = 1; i <= n; i++){
29          printf("学员编号: ",i);
30          scanf("%d", &a[i]); // 将学员编号存入数组
31          }
32        quicksort(a,1,n); // 调用快速排序自定义函数
33        printf("快速排序后的学员号码: ");
34        for(int i = 1; i <= n; i++)
35            printf("%d ", a[i]);
36        return 0;
37    }
```

测试程序

输入n的值: 8

学员编号依次为: 9 11 23 56 6 10 3 7

运行结果：

● 易犯错误

第27行语句中，使用scanf()函数获取键盘输入时，接收变量前需要有"&"符号。

第21、22行语句，实现对参考值左、右侧区域内的数据再排序，是在函数内部再次调用函数本身，即"递归"方式。

● 答疑解惑

本程序中第8、9行语句，如果条件"p[j]>=pivot && j>i"成立，则说明数组右侧的元素p[j]大于等于参考值，无需调整，继续下一元素与参考值比较；若小于参考值，则停止下一元素比较，变量j记录该元素，退出循环。

程序中第10、11行语句，如果条件"p[i]<=pivot && j>i"成立，则说明数组左侧的元素p[i]小于等于参考值，无需调整，继续下一元素与参考值比较；若大于参考值，则停止下一元素比较，变量i记录该元素，退出循环。

然后完成上述两个数组元素的对换，实现数组元素的跳跃式交换，如第13～15行程序所示。

••• 智慧钥匙

1. 快速排序的核心问题

在快速排序中，参考值的选择和数组元素的交换都是核心问题。参考值选择数组的第一个或最后一个或中间的元素均可。参考值用于在分类过程中以该值为中心，把其他数组元素分类到参考值的左右两边。

pivot=p[i]; // 数组第一个元素为参考值

pivot=p[j]; // 数组最后一个元素为参考值

2. 元素的跳跃式交换

快速排序速度很快，相比于冒泡排序，每次交换都是跳跃式的交换。每次排序的时候设置一个参考值，将小于等于参考值的元素移到参考值的左边，将大于等于参考值的元素移到参考值的右边。

这样在每次排序交换的时候不会像冒泡排序一样只能在相邻的数之间进行交换，因此总的比较和交换次数大大减少了，速度自然就提高了很多，如图所示。

```
7    while(i!=j){
8        while(p[j]>=pivot && j>i)
9            j--;    // 右边元素大于参考值退出循环
10       while(p[i]<=pivot && j>i)
11           i++;    // 左边元素小于参考值退出循环
12       if(j>i){    // 将数组左右元素跳跃式交换
13           temp=p[i];
14           p[i]=p[j];
15           p[j]=temp;
16       }
17   }
```

●●● 挑战空间

1. 试一试

使用C++语言编写求正数n的阶乘数n!（n<=20）（尝试使用递归的思路编写程序）。

```
1    #include <iostream>
2    using namespace std;
3    unsigned long  fa(int n);
4    int main() {
5        int n;
6        cout<<"请输入正整数N计算阶乘: ";
7        cin>>n;
8        cout<<"\n\t N! 的阶乘结果为: " <<fa(n);
9        return 0;
10   }
11   unsigned long fa(int n){ // 无符号型函数
12       if(n<=2) return n;
13       return n*fa(n-1);      //调用函数本身
14   }
```

输入：9

输出：＿＿＿＿＿＿＿＿＿＿＿＿＿＿＿＿＿＿＿＿＿＿

2. 完善程序

一只青蛙一次可以跳上1级台阶，也可以跳上2级。求该青蛙跳上一个n级的台阶总共有多少种跳法。

```
1    #include <iostream>
2    using namespace std;
3    unsigned long  frog(int n);
4    int main() {
5        int n;
6        cout<<"请输入台阶数N: ";
7        cin>>n;
8        cout<<"\n共有跳法为: " <<frog(n);
9        return 0;
10   }
11   unsigned long frog(int n){     // 无符号型函数
12       if(n<=2) return_____;
13       return frog(n-1)+_____;  // 调用函数本身
14   }
```

3. 编写程序

一个人赶着鸭子去村子卖，每经过一个村子卖出所赶鸭子的一半还多一只。他经过了7个村子后还剩下2只鸭子，问他出发时共有多少只鸭子？经过每个村子卖出多少只鸭子？

全彩印刷　微课视频

思维导图学

C++

趣味编程 下

方其桂 等　著

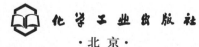

化学工业出版社

·北京·

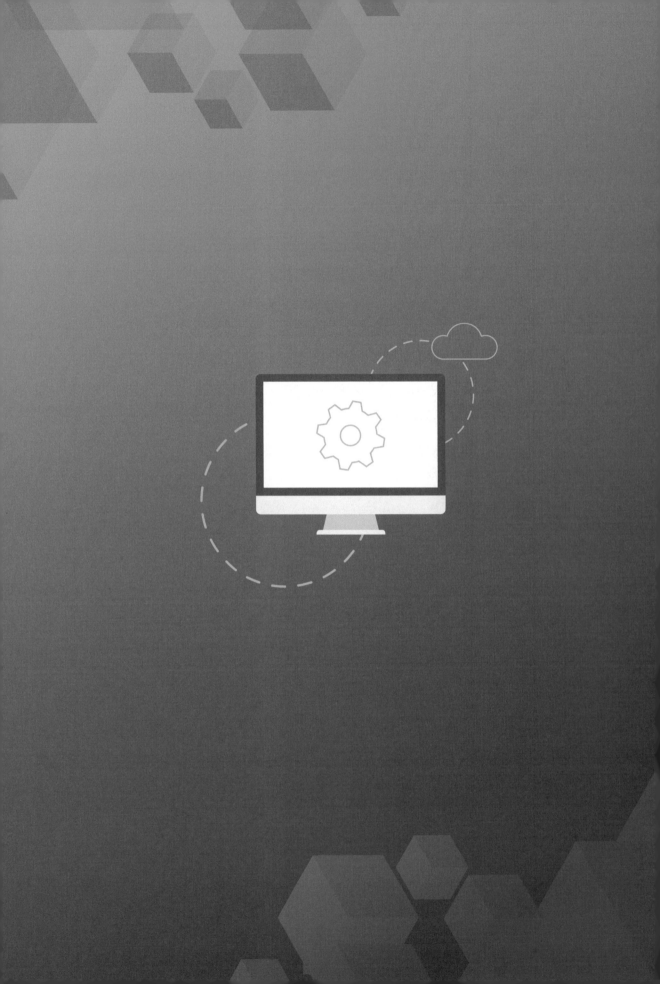

第1单元

步步为营　攻破难关
——递推算法

在数学中，算法是指计算的方法、运算的法则。在计算机程序设计中，"算法"就是计算机运算的过程，是解决问题的方法与步骤。优秀的算法能帮助我们巧妙地解决问题。

递推算法是计算机数值计算中的一个重要算法。它不像"枚举算法"那样"一根筋"地寻找每一种可能的方案。它会通过已知条件，利用特定关系将复杂运算化为若干步重复的简单运算，充分发挥计算机擅长重复处理的特点。

本单元内容

递推算法
- 基础递推 —— 昆虫繁殖
- 模型递推 —— 攀爬台阶
- 递推应用 —— 平面分割

第1课

昆虫繁殖
——基础递推

科学家在热带森林中发现了一种特殊的昆虫，这种昆虫的繁殖能力很强，每对成虫过x个月产y对卵，每对卵经过2个月长成成虫。假设成虫不死，第1个月只有一对成虫，且卵长成成虫后的第1个月不产卵(过x个月产卵)，那么过z个月以后，共有成虫多少对？

●●●● 准备空间

◆ 理解题意

本题实际就是找到每个月成虫变化的关系。题中求过z个月以后成虫的数量，也就是求在第z+1个月时成虫有多少对。

如果用f[i]表示第i个月的成虫数量，想要找出一个只含有f的递推式是很困难的。但从题意可知，每只虫子从幼虫长为成虫需要2个月，这就告诉我们，第i个月的成虫数量应该由i-1个月的成虫和i-2个月的幼虫决定，因此可以添加一个辅助数组b，b[i]表示第i个月的卵的数目，从而得到两个公式：

b[i]=f[i-x]*y；

f[i]=f[i-1]+b[i-2]；

注意要添加一个初始条件：f[1]～f[x]=1

◆ 问题思考

在编程实现的过程中，需要思考的问题如图所示。你还能提出怎样的问题？填在方框中。

我的思考

| 第 z 个月卵的数量是由什么决定的？ |
| 第 z 个月成虫的数量是由什么决定的？ |
| |
| |

••• 探秘指南

◆ 学习资源

1. 递推算法

递推，顾名思义就是递次推导，其核心是从已知的条件出发，逐步推算出问题的解。计算机在运用递推算法时，大多是重复性推理，如从"今天是周一"推出"明天是周二"，以此推导出以后是周几。

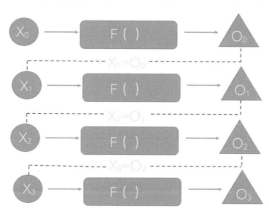

2. 图解递推算法

递推算法中，每一次推导的结果可以作为下一次推导的开始，其算法过程如下图。

◆ 描述算法

本题可以使用递推算法解决此问题。假设，每对成虫过1个月产2对卵，8个月后，会是什么情况呢？请在下图中完成思维导图。

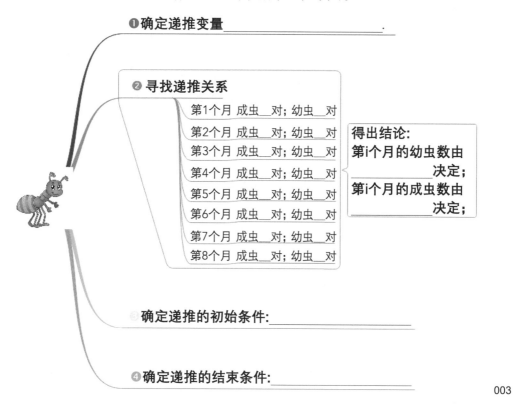

❶ 确定递推变量＿＿＿＿＿＿＿＿＿＿＿＿＿＿＿＿＿＿＿＿＿＿．

❷ 寻找递推关系

第1个月 成虫＿＿对；幼虫＿＿对
第2个月 成虫＿＿对；幼虫＿＿对
第3个月 成虫＿＿对；幼虫＿＿对
第4个月 成虫＿＿对；幼虫＿＿对
第5个月 成虫＿＿对；幼虫＿＿对
第6个月 成虫＿＿对；幼虫＿＿对
第7个月 成虫＿＿对；幼虫＿＿对
第8个月 成虫＿＿对；幼虫＿＿对

得出结论：
第i个月的幼虫数由
＿＿＿＿决定；
第i个月的成虫数由
＿＿＿＿决定；

❸ 确定递推的初始条件：＿＿＿＿＿＿＿＿＿＿＿＿＿＿＿＿

❹ 确定递推的结束条件：＿＿＿＿＿＿＿＿＿＿＿＿＿＿＿＿

制定流程

第1步：定义数组与变量；

第2步：输入要计算的数据；

第3步：设置第1个x月成虫、卵的初始值；

第4步：递推计算；

第5步：在屏幕上输出结果。

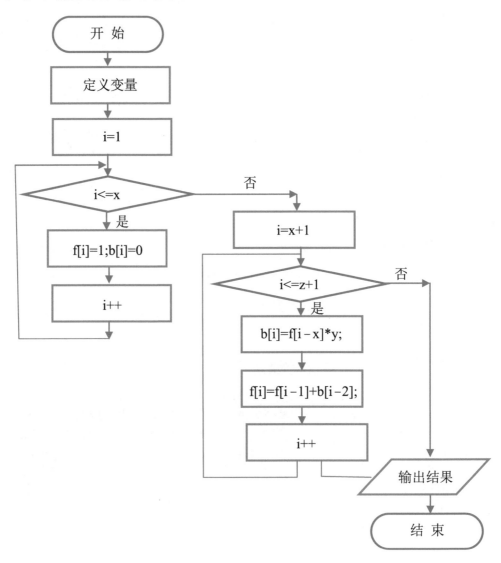

探究实践

编程实现

```
第1课 昆虫繁殖.cpp                                    —  □  ×

 1    #include <iostream>
 2    using namespace std;
 3    int main()
 4    {
 5    long long f[101]={0},b[101]={0},i,j,x,y,z;
 6    cin>>x>>y>>z;
 7    for (i=1;i<=x;i++)
 8      {
 9        f[i]=1;b[i]=0;          // 第1个x月的成虫数量
10      }
11    for (i=x+1;i<=z+1;i++)   // 因统计z个月后，故for要到z+1个月
12      {
13        b[i]=y*f[i-x];          // 第i个月卵的数量只与i-z个月前的成虫有关
14        f[i]=f[i-1]+b[i-2];     // 第i个月的成虫只与i-1个月的成虫和i-2个月的卵
15    }                          有关
16    cout<<"过了"<<z<<"月后,共有成虫对数:";
17    cout<<f[z+1]<<endl;        // 过了z个月
18    return 0;
19    }
```

测试程序

输入：1 2 8

运行结果：

```
1 2 8
过了8月后,共有成虫对数:37
```

易犯错误

第7~10行代码表示在x个月内，成虫都只有1对，还没有开始产卵，故第11行的for循环是从x+1个月开始。

第11~14行码表示，在成虫可以产卵后，第i个月卵的数量为i-z个月前的成虫数量乘上产卵对数，第i个月的成虫数即为i-1个月的成虫加上i-2个月的卵对数。

答疑解惑

因为最终是求第z月后的成虫对数，所以递推调用时，循环的终值一定是z+1月。

智慧钥匙

1. 递推的实施步骤

递推算法的首要问题是得到相邻的数据项之间的关系，具体使用时，可按以下步骤实施：

（1）确定递推变量

递推变量可以是简单变量，也可以是一维或多维数组。

（2）建立递推关系

递推关系是递推的依据，是解决递推问题的关键。

（3）确定初始（边界）条件

根据问题最简单情形的数据确定递推变量的初始(边界)值，这是递推的基础。

（4）对递推过程进行控制

控制递推在什么时候结束，满足什么条件结束。

2. 递推顺序

在使用递推算法解决问题时，可以从已知条件出发，逐步推算出要解决问题的结果，这种方法叫顺推法。有时也可以从已知结果出发，用迭代表达式逐步推算出问题开始的条件，这种方法叫逆推法。

（1）简单顺推算法

顺推即从前往后推，从已求得的规模为1，2，…，i-1的一系列解推出问题规模为i的解，直至得到规模为n的解。

```
f(1)= <初始值>;
f(2)= <初始值>;
……
f(i-1)= <初始值>;              //确定初始值
for(k=i; k<=n; k++)
    f(k)=<递推关系式>;  //根据递推关系实施顺推
print(f(n));                   //输出n规模的解f(n)
```

（2）简单逆推算法

逆推即从后往前推，从已求得的规模为n，n-1，…，i+1的一系列解推出问题规模为i的解，直至得到规模为1的解。

```
f(n−i+1)=<初始值>;              //确定初始值
for(k=i; k>=1; k−−)
        f(k)=<递推关系式>;        //实施逆推
print(f(1))
```

●●● 挑战空间

1. 试一试

观察下面程序，写出运行结果，并上机验证。

```cpp
1    #include <iostream>
2    using namespace std;
3    int main()
4    {
5        int n=7;
6        if ((1==n)||(2==n))
7        {
8            cout<<"第"<<n<<"个数是: 1"<<endl;
9        }
10       if (n>=3)
11       {
12           int f1=1;
13           int f2=1;
14           int f3=2;
15           for (int i=3; i<=n; i++)
16           {
17               f3=f1+f2;
18               f1=f2;
19               f2=f3;
20           }
21           cout<<"第"<<n<<"个数是: "<<f3<< endl;
22       }
23       return 0;
24   }
```

输出：_____

2. 一起来找茬

李明妈妈为他四年大学生活准备了一笔存款，方式是整存零取，规定李明每月月底取下一个月的生活费。现在假设利率为1.71%，编写程序，计算最少需要存多少钱？下面程序中有两处错误，请指出。

```
1   #include<cstdio>
2   #define FETCH 1000
3   #define RATE 0.0171
4   int main()
5  {
6       double month[49];
7       int i;
8       month[48] = (double)FETCH;
9       for (i = 47; i >= 0; i--)  ——————————————— ❶
10  {
11          month[i]=(month[i]+FETCH)/(1+RATE/12);  ——— ❷
12  }
13      for (i = 48; i > 0; i--)
14  {
15          printf("%d月末本利共计：%.2f\n", i,month[i]);
16  }
17      return 0;
18  }
```

错误1：_____

错误2：_____

3. 完善程序

自然数1~N，按顺序列成一排，从中取走任意个数，但是相邻的两个不可以同时被取走，求一共有多少种取法。

```
1   #include <iostream>
2   using namespace std;
3   int main()
4  {
5    long long a[1010],n,s=0,i;
6       cin>>n;
7       a[1]=2;
8       _____
9       for(i=3;i<=n;i++)
10  {
11          _____
12  }
13      cout<<a[n]<<endl;
14      return 0;
15  }
```

4. 编写程序

有1×n的一个长方形，用一个1×1、1×2和1×3的骨牌铺满方格。例如当n=3时为1×3的方格（如图）。此时用1×1、1×2和1×3的骨牌铺满方格，试编程计算共有4种铺法。（n<=40）

第2课
攀爬台阶
——模型递推

一只小猴在一座有30级台阶的小山上爬山跳跃，小猴上山一步可跳1级或跳3级，试编程求出小猴上山爬30级台阶有多少种不同的爬法。

●●● 准备空间

◆ 理解题意

题中限制只能走1级或者3级，所以逆向思考一下，要到达第n级楼梯只有两种方式，从n-1级或n-3级到达。因此，可以用递推的思想去考虑本题。

◆ 问题思考

在编程实现的过程中，需要思考的问题如图所示。你还能提出怎样的问题？填在方框中。

小猴到第 30 级之前可能位于哪一级呢？

小猴在第 1 级时有几种走法？

我的思考

● ● ● 探秘指南

◆ 描述算法

解决问题时，可以尝试用数组递推求解，设爬k级台阶的不同爬法为f[k]种，那么该如何完成算法描述呢？请在下面完成思维导图。

❶ 确定递推变量＿＿＿＿＿＿＿＿＿＿＿＿＿＿＿

❷ 寻找递推关系

最后一步到达第30级台阶，完成上山，共有f(30)种不同的爬法

到第30级之前可能位于＿＿＿＿＿级呢？

到第29级之前可能位于＿＿＿＿＿级呢？

……

到第3级之前可能位于＿＿＿＿＿级呢？

到第2级之前可能位于＿＿＿＿＿级呢？

尝试得出结论：f(k)与＿＿＿＿＿＿有关

❸ 确定递推的初始条件：

小猴位于第1级　有＿＿＿种走法

小猴位于第2级　有＿＿＿种走法

小猴位于第3级　有＿＿＿种走法

❹ 确定递推的结束条件：＿＿＿＿＿＿＿＿＿＿

◆ 制定流程

设爬k级台阶的不同爬法为f[k]种，求f[k]的递推关系。

最后一步到达第30级台阶，完成上山，共有f[30]种不同的爬法，到第30级之前位于哪一级呢？位于第29级（爬1级即可到），有f[29]种，或者位于第27级（爬3级即可到），有f[27]种，于是f[30]=f[29]+f[27]

以此类推，有以下递推关系：

f[k]=f[k-1]+f[k-3]　(k>3)

确定初始条件　f[1]=1　f[2]=1　f[3]=2

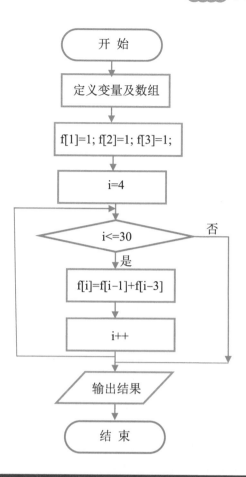

探究实践

编程实现

```cpp
第2课 攀爬台阶.cpp                                          —  ☐  ✕

1   #include<iostream>
2   using namespace std;
3   int main()
4     {
5       int i,n=30,f[101];      // 定义变量，及存放不同爬法的数组
6       f[1]=1;                 // 爬第1级台阶时，只有1种爬法
7       f[2]=1;                 // 爬第2级台阶时，只有1种爬法
8       f[3]=2;                 // 爬第3级台阶时，可以爬1级，也可以爬3级
9       for(i=4;i<=30;i++)      // 循环执行递推关系，直到爬上30级台阶
10        f[i]=f[i-1]+f[i-3];
11      cout<<"小猴上山的30级台阶有";
12      cout<<f[30];
13      cout<<"爬法";             // 输出结果
14      return 0;
15      }
```

◆ 测试程序

小猴上山的30级台阶有58425爬法

◆ 易犯错误

第6～8行代码表示爬第1级台阶、第2级台阶与第3级台阶时小猴有几种爬法。

第9行、第10行代码表示从爬第4级台阶开始，直到爬上30级台阶，都存在一种累加关系，即爬到i级的爬法是i-1级的爬法与i-3级的爬法之和。

◆ 答疑解惑

递推成立的初始条件有3个，从小猴爬到第4级时，递推条件才成立，因此第9行代码中循环变量i的初始条件为4。

●●●● 挑战空间

1. 试一试

观察下面程序，写出运行结果，并上机验证。

```
1  #include <iostream>
2  using namespace std;
3  int main()
4  {
5  int  s,i,n1,m1,n,m;
6  cin>>n>>m;
7  n1=n;
8  m1=m;
9  s=m*n;
10 while(n1!=0&m1!=0)
11 {
12     n1--;
13     m1--;
14     s+=n1*m1;
15 }
16 cout<<s;
17 return 0;
18 }
```

输入：5

输出：_____

2. 一起来找茬

用红色的1×1和黑色的2×2两种规格的瓷砖不重叠地铺满n×3的路面，求出有多少种不同的铺设方案（0<=n<=1000）。请找出程序中的错误。

```
1  #include<iostream>
2  using namespace std;
3  int main(){
4      int f[1005],n;
5      cin>>n;
6      f[0]=f[1]=1;
7      for(int i=2;i<=n;++i)
8      {
9          f[i]=f[i-1]+f[i-2];    ——————————❶
10
11     }
12     cout<<f[i]<<endl;         ——————————❷
13     return 0;
14 }
```

错误1：_____

错误2：_____

3. 完善程序

方舟中学举行校庆活动，晓薇同学准备用一些黄色、蓝色和红色的彩带来装饰学校超市的橱窗，她希望满足以下两个条件：

（1）相同颜色的彩带不能放在相邻的位置；

```
1  #include<iostream>
2  using namespace std;
3  int f[50];
4  int n;
5  int main()
6  {
7      f[1]=2;
8      _____
9      cin>>n;
10     for(int i=3;i<=n;++i)
11     {
12         _____
13     }
14     cout<<f[n]<<endl;
15     return 0;
16 }
```

（2）一条蓝色的彩带必须放在一条黄色的彩带和一条红色的彩带中间。

试编程求出满足要求的放置彩带的方案有多少种。

【输入】
一行一个整数n，表示橱窗宽度(或者彩带数目)。

【输出】
一行一个整数，表示装饰橱窗的彩带放置方案数。

【输入样例】
3

【输出样例】
4

4. 编写程序

5个水手来到一个岛上，采了一堆椰子。一段时间后，第一个水手醒来，悄悄地将椰子等分成5份，多出一个椰子，便给了旁边的猴子，然后自己藏起一份，再将剩下的椰子重新合在一起。不久，第二名水手醒来，同样将椰子等分成五份，恰好也多出一个，也给了猴子，然后自己也藏起一份，再将剩下的椰子重新合在一起。以后每个水手都如此分了一次并都藏起一份，也恰好都把多出的一个给了猴子。第二天，5个水手醒来，把剩下的椰子分成5份，恰好又多出一个，给了猴子。问原来这堆椰子至少有多少个？

第 3 课

平面分割
——递推应用

皮皮和团团正在激烈地讨论一道有趣的数学题：设有 n 条封闭曲线画在平面上，而任意两条封闭曲线恰好相交于两点，且任意三条封闭曲线不相交于同一点，问这些封闭曲线把平面分割成的区域个数。皮皮认为利用 C++ 编程可轻松得出结果，试帮皮皮编程计算出结果。

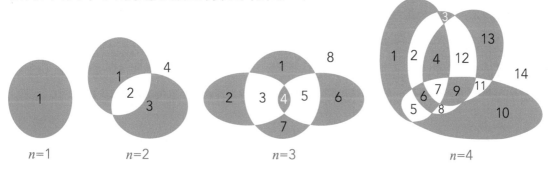

$n=1$ $n=2$ $n=3$ $n=4$

●●● 准备空间

◆ 理解题意

平面分割问题是竞赛中经常遇到的一类问题，由于其灵活多变，解决起来常常感到棘手。思考问题的时候，可以通过观察以上4幅图得出规律。

假设 n 条封闭曲线把平面分割成的区域个数为 a_n：

当 $n=1$ 时，$a_1=1$；

当 $n=2$ 时，$a_2=4$；

当 $n=3$ 时，$a_3=8$；

当 $n=4$ 时，$a_4=14$；

可以得出规律，$a_3-a_2=4$，$a_4-a_3=6$，那么 $a_5-a_4=$？

由此可以推算出什么样的关系呢？还需要进一步验证。

◆ 问题思考

在编程实现的过程中，需要思考的问题如图所示。你还能提出怎样的问题？填在方框中。

解决平面分割问题的关键是什么？

要找到递推关系需要从哪方面开始思考？

我的思考

探秘指南

描述算法

解决问题时，可以尝试利用图形找出数组递推求解。设n条曲线将平面分割成a_n个区域，那么该如何完成算法描述呢？请在下面完成思维导图。

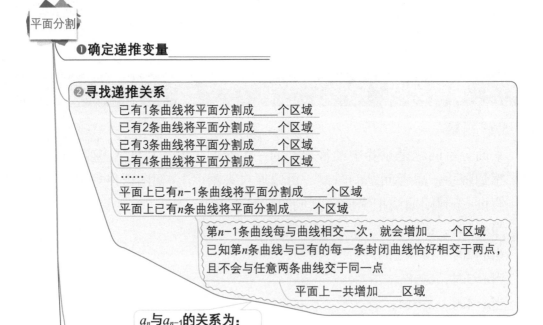

平面分割

❶确定递推变量_____

❷寻找递推关系
已有1条曲线将平面分割成____个区域
已有2条曲线将平面分割成____个区域
已有3条曲线将平面分割成____个区域
已有4条曲线将平面分割成____个区域
……
平面上已有n-1条曲线将平面分割成____个区域
平面上已有n条曲线将平面分割成____个区域

第n-1条曲线每与曲线相交一次，就会增加____个区域
已知第n条曲线与已有的每一条封闭曲线恰好相交于两点，且不会与任意两条曲线交于同一点
平面上一共增加____区域

a_n与a_{n-1}的关系为：
_____

❸确定递推的初始条件：

❹确定递推的结束条件：_____

制定流程

当平面上已有$n-1$条曲线将平面分割成a_{n-1}个区域后，第$n-1$条曲线每与曲线相交一次，就会增加一个区域，因为平面上已有了$n-1$条封闭曲线，且第n条曲线与已有的每一条封闭曲线恰好相交于两点，且不会与任两条曲线交于同一点，故平面上一共增加$2(n-1)$个区域，加上已有的a_{n-1}个区域，一共有$a_{n-1}+2(n-1)$个区域。所以本题的递推关系是$a_n=a_{n-1}+2(n-1)$，边界条件是$a_1=1$。

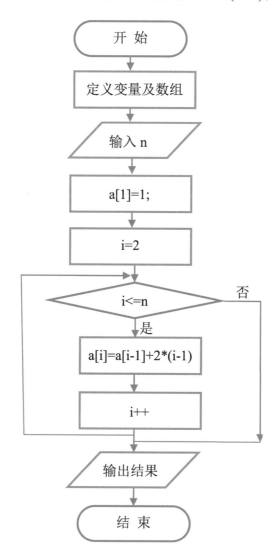

探究实践

编程实现

```
第 3 课 平面分割.cpp                                    —  □  ×

 1    #include<iostream>
 2    using namespace std;
 3    int main()
 4    {
 5        int n,a[10005];        // 定义变量，及数组
 6        a[1]=1;                // 当只有 1 条封闭曲线时，平面数为 1
 7        a[2]=4;                // 当有 2 条封闭曲线时，分割为 4 个平面
 8        cin>>n;                // 输入封闭曲线的个数
 9        for(int i=3;i<=n;++i)  // 循环执行递推关系
10            a[i]=a[i-1]+2*(i-1);// 每增加一个封闭曲线，增加 2(n-1)个区域
11          cout<<n<<"条封闭曲线可分割
12              <<a[n]<<"个平面"<<endl;
13        return 0;
14    }
```

测试程序

输入：5

运行结果：

```
5
5条封闭曲线可分割22个平面
```

易犯错误

第5行代码中定义数组长度为10005，表示封闭曲线最多不超过10005条

第6行表示只有1条封闭曲线的初始条件。

第7行代码表示有2条封闭曲线的初始条件。

第9行、第10行代码表示从存在第3条封闭曲线开始，每增加一条封闭曲线，就会增加2(n-1)个区域。

答疑解惑

从存在第2条封闭曲线后，才能找到递推成立的条件，所以解决问题时递

推成立的初始条件有2个，因此第9行代码中循环变量i的初始条件为3。

••• 挑战空间

1. 试一试

观察下面程序，写出运行结果，并上机验证。

```cpp
1   #include <iostream>
2   using namespace std;
3   int main()
4   {
5       int n,i,f;
6       cin>>n;
7       f=2;
8       for(i=2;i<=n;i++)
9         f+=i;
10      cout<<f<<endl;
11      return 0;
12  }
```

输入：3

输出：_____

2. 一起来找茬

同一平面内有n（n≤500）条直线，已知其中p（p≥2）条直线相交于同一点，则这n条直线最多能将平面分割成多少个不同的区域？请找出程序中的错误。

```cpp
1   #include <iostream>
2   using namespace std;
3   int main()
4   {
5       int n,p,i,s;          // s 表示平面被分割的份数
6       cin>>n>>p;
7       s+=p;                                        ❶
8       for(i=p;i<=n;i++)                            ❷
9         s+=i;             // 每次+i 即+n
10      cout<<s<<endl;
11      return 0;
12  }
```

错误1：_____

错误2：_____

3. 完善程序

如下所示为一个5行的数字三角形

```
        7
       3 8
      8 10
     2 7 4 4
    4 5 2 6 5
```

试编写程序计算从顶到底的某处的一条路径，使该路径所经过的数字总和最大。只要求输出总和（测试数据通过键盘逐行输入）。

（1）一步可沿左斜线向下或右斜线向下走；

（2）三角形行数小于等于100；

（3）三角形中的数字为0，1，…，99。

```cpp
1  #include<iostream>
2  using namespace std;
3  int main()
4  {
5      int n,i,j,a[101][101];
6       cin>>n;                    // 输入三角形的行数
7      for(i=1;i<=n;i++)
8        for(j=1;j<=i;j++)
9            cin>>a[i][j];
10     for(i=n-1;i>=1;i--)
11       for(j=1;j<=i;j++)
12       {
13           if(a[i+1][j]>=a[i+1][j+1])
14               a[i][j]+=a[i+1][j];
15           else _____
16       }
17     cout<<_____
18     return 0;
19  }
```

4. 编写程序

一条折线可以将平面分成两部分，两条折线最多可以将平面分成7部分，具体如下所示。试编程求出n条折线分割平面的最大数目。

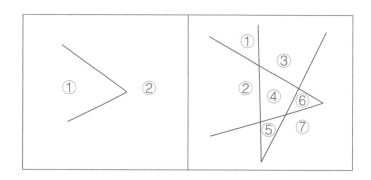

【输入数据】

输入数据的第一行是一个整数C，表示测试实例的个数，

然后是C行数据，每行包含一个整数n(0<n≤10000)，表示折线的数量。

【输出数据】

对于每个测试实例，请输出平面的最大分割数，每个实例的输出占一行

【输入样例】

2

2

12

【输出样例】

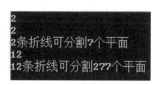

提示：由直线分割平面的结论可知，平面内原来直线与直线的交点个数决定了新增直线交点的个数，进而决定新增区域的个数。同理，当添加第n条折线时，为了使圆内分割成更多的区域，第n条折线的2条射线要与前$n-1$条折线相交，且没有三条射线相交于一点，则添加第n条折线会多出$2 \times 2(n-1)=4(n-1)$个交点。由于每增加1个交点就会增加2个区域，所以添加第n条折线会在原来的基础上增加$4 \times (n-1)+1$个区域。假设f(n)表示n条折线把圆内分成区域的个数，则可以得出递推式：

$f(n)=f(n-1)+4 \times (n-1)+1=f(n-1)+4 \times n-3$

第2单元

抽丝剥茧　层层突破
——递归算法

　　何为递归？有一个经典的故事："从前有座山，山里有座庙，庙里有个老和尚在给小和尚讲故事，讲的是：从前有座山，山里有座庙……"如此往复，这类似于递归的思想。

　　计算机程序中，要求程序是有限的，所以程序中的递归算法是将问题逐步分解成与自身类似的子问题，直到问题足够小，能够求解。这个过程需要用函数自调用实现。

本单元内容

```
                    ┌─── 基础递归 ──── 阶乘计算
                    │
    递归算法 ───────┼─── 复杂递归 ──── 图形分割
                    │
                    └─── 递归应用 ──── 树的年龄
```

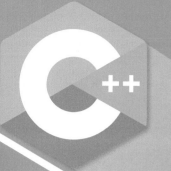

阶乘计算
——基础递归

在C++语言学习中，明明学了求一个整数n的阶乘计算，就是计算小于该数字的所有正整数的乘积，如5的阶乘可表示为5！，其值为$5×4×3×2×1=120$，10的阶乘为$10×9×8×7×6×5×4×3×2×1=3628800$。可见，随着数值增大，其阶乘值在快速增加。而int类型的数据变量最大能存放的数字是$2^{31}-1$，明明想知道在int类型范围内，最大能求到多少的阶乘？

$$n!=n×(n-1)×(n-2)×\cdots×2×1$$
$$1！= 1$$
$$2！= 2$$
$$3！= 6$$
$$4！= 24$$
$$5！= 120$$
……
$$n！< 2^{31}-1 \quad n \text{ 最大是多少？}$$

准备空间

理解题意

编程计算某个正整数的阶乘值，找出满足阶乘值小于$2^{31}-1$的最大正整数。

问题思考

在完成这个项目问题的过程中，需要先计算int数据的最大值，即$2^{31}-1$作为对比条件，再逐一计算正整数的阶乘值，直到找到满足条件的最大值。请先思考如下问题。你还能提出怎样的问题？填在方框中。

如何计算 2^{31}？

如何计算一个数的阶乘？

如何逐一判断阶乘值是否小于 $2^{31}-1$？

我的思考

探秘指南

学习资源

1. 指数运算

对于小规模的指数运算，C++库函数中有pow()函数可以直接使用，用法格式如下：

```
#include<cmath>        // 包含 pow()库函数的头文件
c=pow(a,b);            // 计算 a 的 b 次幂 a^b
cout<<c;               // 输出结果
```

2. 阶乘计算

求一个数n的阶乘$n!$，可以考虑使用递归公式$n!=n\times(n-1)!$将问题规模逐渐缩小，直到小到求1的阶乘，可以直接计算出来，再逐步返回求出n的阶乘。使用到的递归函数描述如下：

```
int jact(int n)                      // 定义一个计算阶乘的函数
{
    if(n==1)return 1;                // 如果 n 的值缩小到 1，直接返回 1
    else return n*jack(n-1);         // 否则继续用递归公式缩小规模
}
```

规划设计

通过对题目的分析，我们初步知道了该项目需要分两个部分完成，其整体的规划设计如下。

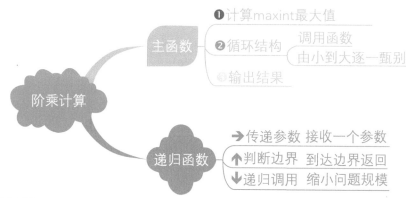

制定流程

主函数的程序流程图示意如下。

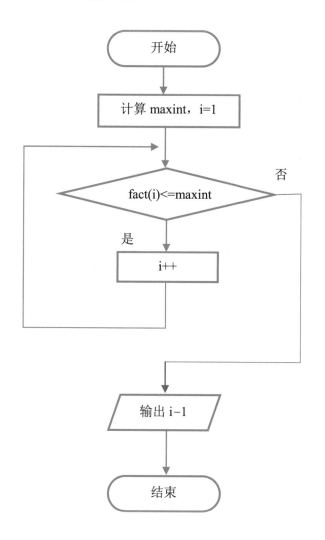

其中递归函数fact()的程序流程图示意如下。

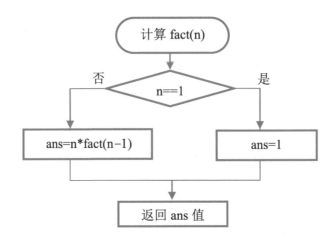

探究实践

编程实现

```
第 4 课  阶乘计算.cpp                              —  ☐  ✕

 1   #include<iostream>
 2   #include<cmath>
 3   using namespace std;
 4   long long fact(int n)      // 计算阶乘的函数
 5 ┌ {
 6       if(n==1)return 1;
 7       return n*fact(n-1);
 8 └ }
 9   int main()
10 ┌ {
11       int i=1,maxint;
12       maxint=pow(2,31)-1;      // 计算最大 int 值
13       while(fact(i)<=maxint) // 循环判断阶乘不超过 maxint 的最大 i 值
14           i++;
15       cout<<i-1;
16       return 0;
17   }
```

◆ 测试程序

运行程序，输出结果如下图：

```
12
--------------------------------
Process exited after 0.04181 seconds
请按任意键继续. . .
```

◆ 易犯错误

第4行，函数的返回值类型应为long long，因为函数的返回值是n的阶乘，当n较大时，数值结果较大，会超过int类型的范围。

第15行，输出的结果需要减1，因为在循环中有i++，最后一次循环结束时，实际上值多加了1，所以输出的结果需要减掉。

••• 智慧钥匙

1. 递归函数

递归函数在函数中直接或间接地调用自身，达到逐步缩小问题规模的目的。当问题规模缩小到足够小，便可直接返回小问题的解，即问题返回的边界。

```
返回值类型  fun(参数)           // 递归函数
{
    if(到达边界) 返回边界值;   // 判断边界
    else
        fun(参数);             // 缩小规模
}
```

2. 递归算法

递归算法的实现借助于递归函数，重复地将问题分解成同类子问题进而解决。这种重复调用自身的函数，取代了循环结构，使代码变得更加简洁。

例如用递归算法求5的阶乘fact(5)，流程示意如下：

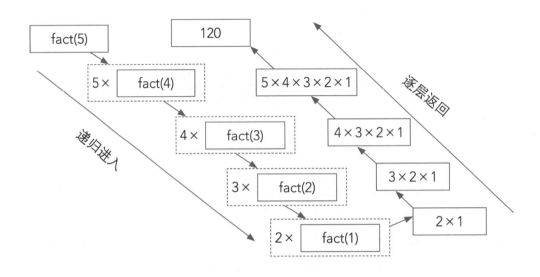

挑战空间

1. 试一试

观察下面程序，写出运行结果，并上机验证。

```
1  #include<iostream>
2  using namespace std;
3  int  change(int x)
4  {
5      if(x==0) return 0;
6      change(x/8);
7      cout<<x%8;
8  }
9  int main()
10 {
11     int n;cin>>n;
12     change(n);
13     return 0;
14  }
```

输入：50

输出：_____

2. 一起来找茬

以下程序用来计算输出斐波那契数列第n项的值，但是有错误，你能找出来吗？（斐波那契数列形如：1,1,2,3,5,8,13,21……）

```cpp
1  #include<iostream>
2  using namespace std;
3  int fibonacci(int x)
4  {
5      if(x==1 && x==2) return 1;          ❶
6      else return(fibonacci(x-1)+fibonacci(x-2));
7  }
8  int main()
9  {
10     int n;
11     cin>>n;
12     cout<<fibonacci(1);                  ❷
13     return 0;
14 }
15
```

错误1：_____

错误2：_____

3. 编写程序

小猴有一堆桃子，它坚持每天吃掉其中的一半多一个，到第10天的时候就只剩下一个桃子了，问一开始这堆桃子共多少个？

第 5 课
图形分割
——复杂递归

有一块长方形的耕地，打算分成若干个面积相等的正方形小块，要求耕地必须恰好分完。若要使小正方形面积尽可能大，能分成多少块，正方形的边长最大是多少？

•••• 准备空间

◆ 理解题意

一个边长分别为 m、n 的长方形，要分割成面积相等的小正方形，分割方法有很多种，这里需要找出一种分割方法，使分割出的小正方形面积最大。

◆ 问题思考

若要使长方形恰好能分成若干个小正方形，需使正方形的边长为长方形长和宽的公约数，那么长和宽的最大公约数即是小正方形的最大边长。如何编程实现本程序？请先思考如下问题，如还有疑问请填在方框中。

如何计算两个数的最大公约数？
如何计算小正方形的个数？

我的思考

••• 探秘指南

◆ 学习资源

1. 最大公约数

最大公约数（Greatest Common Divisor）简称为GCD。求两个数的最大公约数，就是求出两个数字的公共因子中最大的一个。例如数字8和12的公共因子有1、2、4，其中4为两个数的最大公约数。若两个数只有1是公共因子，则称两个数互质。

2. 辗转相除法

辗转相除法又称为欧几里得算法，是求两个数最大公约数最常用的方法。算法思路为：对两个数字求余数，若余数为零

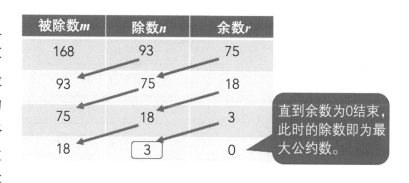

被除数m	除数n	余数r
168	93	75
93	75	18
75	18	3
18	3	0

直到余数为0结束，此时的除数即为最大公约数。

则输出除数，否则用除数对余数求余运算，循环往复，直到余数为0。例如求两数m=168、n=93的最大公约数，其求解过程示意如下。

◆ 规划设计

学习过二维数组的概念后发现，若要存储杨辉三角这种行列数字，可以考虑使用二维数组，其用法如下面流程图所示。

图形分割

主函数
❶输入正方形长和宽
❷计算长方形面积
❸调用函数 计算长和宽的最大公约数
❹输出结果 输出正方形边长
输出正方形个数

递归函数
➡传递参数 接收两个参数
⬆判断边界 到达边界返回
⬇递归调用 缩小问题规模

制定流程

主函数的程序流程图示意如下。

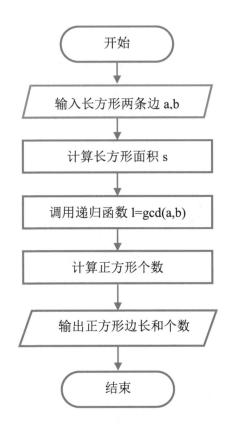

其中，递归函数gcd()的程序流程图示意如下。

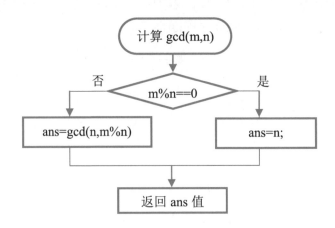

探究实践

编程实现

```cpp
第5课 图形分割.cpp                              —   □   ×

 1   #include<iostream>
 2   using namespace std;
 3   int gcd(int m,int n)      // 递归函数, 包含两个参数
 4   {
 5       if(m%n==0)            // 如果到达递归边界
 6           return n;         // 返回答案
 7       else gcd(n,m%n);      // 缩小规模继续递归
 8   }
 9   int main()
10   {
11       int a,b,l,s,num;
12       cin>>a>>b;            // 输入正方形两条边
13       s=a*b;               // 计算正方形面积
14       l=gcd(a,b);          // 调用递归函数
15       num=s/(l*l);         // 计算正方形个数
16       cout<<"正方最大边长为: "<<l<<endl;
17       cout<<"恰好能分出正方形个数为: "<<num;
18       return 0;
19   }
```

测试程序

运行程序，输入长方形两条边8、12，执行结果如下图：

```
8 12
正方最大边长为: 4
恰好能分出正方形个数为: 6
```

易犯错误

程序中求两数的最大公约数调用的是递归函数gcd()。在函数中要注意的是，函数有参数也有返回值，程序的第3行，设定程序的返回值类型为int，包含两个整型的参数m、n。

第5～7行，是用递归算法实现的辗转相除法，注意寻找递归的边界。

智慧钥匙

1. 更相减损法

更相减损法也是求最大公约数的常用算法，其算法思路描述如下。

第一步：任意给定两个正整数，判断它们是否相等，若是则返回该数字，

第二步：以较大的数减较小的数，接着把所得的差与较小的数比较，并以大数减小数。继续这个操作，直到所得的减数和差相等为止。

```cpp
int gcd(int m,int n)
{
    if(m==n)  return m;          // 如果两数相等，即返回结果
    if(m>n)  return gcd(n,m-n)   // 两数做差，保证是大数减小数
    else   return gcd(m,n-m);
}
```

2. 递归算法的优缺点

用递归算法求解问题，是把规模大的、较难解决的问题变成规模较小的、易解决的同一问题。规模较小的问题又变成规模更小的问题，并且小到一定程度可以直接得出它的解，从而得到原来问题的解。算法的优缺点也很明显，归纳如下。

优点：符合人的思维方式，递归程序结构清晰，可读性强，且容易理解。

缺点：通过调用函数实现，当递归层数过多时，程序的效率低。

挑战空间

1. 试一试

观察下面程序，根据输入数据，写出运行结果，并上机验证。

```
1   #include<bits/stdc++.h>
2   using namespace std;
3   int s=1;
4   int exp(int a,int b)
5   {
6       if(b==0)return s;
7       else return a*exp(a,b-1);
8   }
9   int main()
10  {
11      int m,n;
12      cin>>m>>n;
13      cout<<exp(m,n);
14      return 0;
15  }
```

输入：3 4

输出：＿＿＿＿＿＿＿＿＿＿＿＿＿＿＿＿＿＿＿＿＿

2. 一起来找茬

以下程序用递归算法实现计算n个数中的最大数（n<100），程序中标注的地方有些问题，请你思考后并改正。

输入两行，第1行一个整数，表示有几个数字；第2行n个整数用空格隔开，如：

```
1   #include<bits/stdc++.h>
2   using namespace std;
3   int a[105],n,t=0;
4   int maxx(int b)
5   {
6       if(b==1) return a[1];        ——— ❶
7       return max(a[b],maxx(b));
8   }
9   int main()
10  {
11      cin>>n;
12      for(int i=1;i<=n;i++)
13          cin>>a[i];
14      cout<<maxx(1);              ——— ❷
15      return 0;
16  }
```

5

78 56 98 54 75

输出：98

错误1：＿＿＿＿＿＿＿＿＿＿＿＿＿＿＿＿＿＿＿＿

错误2：＿＿＿＿＿＿＿＿＿＿＿＿＿＿＿＿＿＿＿＿

3. 编写程序

编写程序，求两个正整数的最小公倍数。输入两个数字，用空格隔开，输出一个整数为输入数字的最小公倍数，样例如下：

输入：36　54

输出：108

第6课

树的年龄
——递归应用

潘多拉星球上的树是很神奇的，它也有年轮。地球上的树每一年生长出一个年轮，但是潘多拉星球上的树长出第一个年轮需要1年，再过2年长出第2个年轮，再过4年长出第3个年轮，再过8年长出第4个年轮……再过2^{n-1}年长出第n个年轮。地球人在潘多拉星球上发现了一棵树有n个年轮，请你编写程序计算出这棵树至少存活了多少年。如果这个结果大于9999，只需要输出它的最后4位。

•••• 准备空间

◆ 理解题意

一棵有n个年轮的树，根据年轮的增长规律计算树的年龄。第一个年轮需要1年，第二个年轮再需要两年，第三个年轮又需要4年，所以有三个年轮的树的年龄为1+2+4=7岁。

◆ 问题思考

第n个年轮需要2^{n-1}年，那么有n个年轮的树需要生长多少年呢？先思考如下问题，如还有疑问，请写入方框内。

如何实现指数运算？
如何累加求和？

我的思考

探秘指南

学习资源

1. 幂运算

在C++语言中，求幂运算可以用数学函数pow（）实现，例如求2的8次幂，可以写成pow（2,8）直接运算求出结果。pow（）函数包含在头文件#include<cmath>中，但是由于幂运算结果数值会很大，pow()函数不能用于较大数字的幂运算。一般较大数字的幂运算用递推或者递归进行分部求解。

2. 同余定理

几个整数除以同一个除数，若余数相同，则这几个整数同余。其性质可以推广到加减乘除四则运算上，例如（a+b）%k与（a%k+b%k）%k的运算结果相同，同理乘法也是如此（a*b）%k=（（a%k）*（b%k））%k。

$x1=a\%k$

$x2=b\%k$

如果x1=x2，则a与b同余

推理 （a+b）%k＝（x1+x2）%k

（a*b）%k＝（x1*x2）%k

如本题中计算a的b次幂对10000求余数，就是b个a相乘的乘积对10000求余数，用递归算法逐步求解，可以把a^b%10000转换为同类子问题(a^{b-1}%10000*a%10000)%10000

规划设计

本课可以递归调用求幂运算的函数，结合同余定理控制每次乘积的数据规模，其大致算法流程如图所示。

制定流程

主函数的程序流程图示意如下。

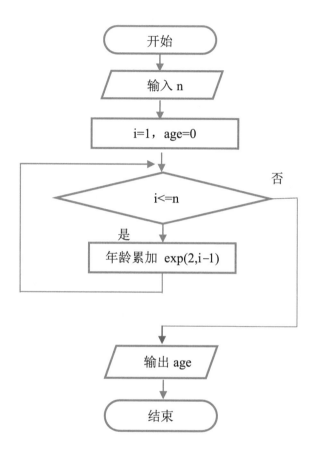

其中，递归函数exp()的程序流程图示意如下。

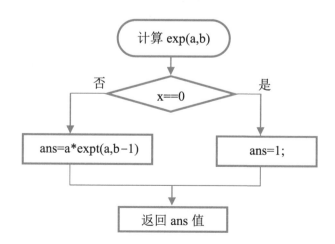

探究实践

编程实现

```cpp
第6课  树的年龄.cpp                                    —  □  ×

1   #include<iostream>
2   using namespace std;
3   long long age;
4   int exp(int a,int b)              // 递归函数，计算a的b次幂
5   {
6       if(b==0)return 1;             // 判断递归边界
7       else                          // 否则缩小问题规模
8           return (a*exp(a,b-1))%10000;
9   }
10  int main()
11  {
12      int n;
13      cin>>n;                       // 输入年轮数
14      for(int i=1;i<=n;i++)         // 累加求和
15          age=(age+exp(2,i-1))%10000;// 调用递归函数
16      cout<<age;                    // 输出结果
17      return 0;
18  }
```

测试程序

运行程序，输入树的年轮数为100，输出年龄结果如下图：

```
100
6666
```

易犯错误

程序中最容易出现错误的地方是需要多处求余计算。第一处在第8行，需要求余数以防止返回的结果数值巨大；第二处在第15行，需要求余数防止累加求和的结果巨大。

改进优化

仔细思考不难发现，程序中幂运算的底数为2，底数为2的幂运算有如下规律：

$$2+2^2=2^3-1$$
$$2+2^2+2^3=2^4-1$$
$$2+2^2+2^3+2^4=2^5-1$$
$$\cdots\cdots$$
$$2+2^3+2^4+\cdots\cdots+2^{n-1}=2^n-1$$

所以，程序中的累加求和可以用另一种方法替代，其代码梳理如下：

```
int exp(int a,int b)                    // 递归函数
{
    if(b==0)return 1;
    else    return (a*exp(a,b–1))%10000;
}
int main()                              // 主函数
{
    int n;
    cin>>n;
    cout<<exp(2,n)–1;                   // 直接输出 2ⁿ–1 的值
    return 0;
}
```

●●● 智慧钥匙

1. 快速幂

为了提高幂运算的效率，结合同余定理，梳理出一种快速幂算法，其运算效率可以从n次运算缩减至$\log_2 n$次。其递归代码如下：

```
#include<iostream>
using namespace std;
long long a,b,k;
int q_exp(int a,int b)              // 递归版快速幂
{
    if(b==1) return a;              // 判断递归边界
    if(b%2==1)
      return q_exp((a*a)%k,b/2)*a;
    return q_exp((a*a)%k,b/2);
}
int main()
{
    cin>>a>>b>>k;                   // 输入 a、b、k 计算 aᵇ%k
    cout<<q_exp(a,b)%k;             // 调用快速幂函数
    return 0;
}
```

2. 递归算法与递推算法

一般有递推关系的问题，都可以用递推或者递归算法实现。两种算法有本质的区别，递推一般是从已知问题出发，利用循环逐步推导出待求解的问题；递归则是从问题出发，利用递归函数，逐步缩小问题，直到递归出已知。两种算法思路上是相反的过程。

●●● 挑战空间

1. 试一试

观察下面程序，写出运行结果，并上机验证。

```cpp
1  #include<iostream>
2  using namespace std;
3  void fz(int m)
4  {
5      if(m==0) return;
6      cout<<m%10;
7      fz(m/10);
8  }
9  int main()
10 {
11     int m;
12     cin>>m;
13     fz(m);
14     return 0;
15 }
```

输入：12345

输出：_____

思考：如果输入1200会输出什么结果呢？若要规范输出数值，程序应如何修改？

2. 编写程序

角谷猜想是一位著名学者提出的，其内容是：一个正整数x，如果是奇数就乘以3再加1，如果是偶数就除以2^n，得到结果后再按规则重复运算这样经过若干次，最终将回到1。例如输入5，它会经历5→16→8→4→2→1-5次运算最终到达1。请你编写程序，实现输入一个整数，输出它需要多少次运算之后能到达1。

微信扫码
观看·教学视频
下载·配套素材

第3单元

计算大数　突破禁锢
——高精度运算

　　在自然科学的研究中，离不开数的计算，而有些碰到的数可能有成百上千位，这已经远远超出了C++语言为我们提供的计算范围，因为long long数据类型最多只能支持十进制的19位运算，这一类大数字的运算，我们统称为高精度运算。

　　本单元我们会介绍三种高精度运算，分别是高精度加法、高精度减法和高精度乘法，均采用字符串数组的方法来实现计算。因其计算的特殊性，所以与普通运算分离，自成一家。学习高精度运算，对于数字运算的理解也能更深一步。

本单元内容

```
                    ┌─── 高精度加法 ─── 财富计算
                    │
   高精度运算 ───────┼─── 高精度减法 ─── 结余计算
                    │
                    └─── 高精度乘法 ─── 距离计算
```

第7课
财富计算
——高精度加法

随着经济的发展，人们的腰包越来越鼓，财富积累也越来越快。小方同学很是好奇，当国民总财富达到几十位甚至上百位，应该怎么去计算这些数字呢？他发现使用C++语言在进行大于20位的十进制整数计算时，即使已经声明了是long long类型变量，还是计算不了，你能解释这种现象么？你能找到对于大整数相加的对应方法吗？

1273513711563……
+23132132153……

●●●● 准备空间

◆ 程序体验

运行程序，先出现提示，输入2个长整数，按回车键，则会出两数相加之和（这里列举41个1加41个2的加法运算）：

```
请输入2个长整数：
11111111111111111111111111111111111111111
22222222222222222222222222222222222222222
两数相加和为：
33333333333333333333333333333333333333333
```

◆ 问题思考

想要制作一个高精度加法的程序，需要思考的问题如图所示。你还能提出怎样的问题？填在方框中。

| 数据如何保存？ |
| 数据如何相加？ |
| |
| |

我的思考

●●● 探秘指南

◆ 学习资源

1. 数据的保存

最大的整数类型long long也只能支持到十进制的19位运算，要想保存长整数的数据，特别是上百位的数据，可以换个思路，申明2个相加的数分别为m和n，采用字符串string类型去保存。

```
string m,n;
cin>>m>>n;
```

2. 数据的加工

在平常书写中，数字从左到右依次为从高位到低位，而以string类型去保存数字，那么数字的最高位反而是字符串的第0位，以此类推，次高位在字符串中是第1位，而我们正常的计算都是从低位到高位，所以需要将读入的2个字符串进行倒序转置。

采用的方法是再建立2个int类型的动态数组，用来将数字按实际从低位到高位分别存储在数组的第0位到最高位，所以采用的循环是倒着读入的，进行倒序保存。

```
vector<int> a,b;
for(int i=m.length()-1;i>=0;i--)
a.push_back(m[i]-'0');
for(int i=n.length()-1;i>=0;i--)
b.push_back(n[i]-'0');
```

为节省空间，可采用动态数组去定义a和b两个高精度数字。动态数组自带函数push_back()的作用是在数组的末尾添加一个数据，使用该函数需要使用头文件#include<vector>。字符串自带函数length()的作用是测量字符串的长度，使用该函数需要使用头文件#include<string>。动态数组的申明方法为：

```
vector<类型> 变量名;
```

3. 数据的计算

使用add（ ）函数进行加法计算，建立c动态数组存储最后所求的答案。函数的核心是如何完成加法的进位，这里申明tmp来保存加法的进位，从个位到最高位一一进行加法操作，每次加法运算后取tmp%10的值加入c数组，再将tmp去整除10，如果tmp的值大于10，则可以将上一位的进位保留在tmp值中，再进行下一位的相加运算，顺利地完成了进位加法的操作。

```cpp
vector<int> add(vector<int> &a,vector<int> &b)
{
    vector<int> c;
    int tmp=0;                          // 定义 tmp 变量用来完成进位加法操作
    for(int i=0;i<a.size() ||i<b.size() ;i++)
    {
        if(i<a.size() ) tmp+=a[i];
        if(i<b.size() ) tmp+=b[i];
        c.push_back(tmp%10); // 个位数取余加到 c 数组当中去
        tmp/=10;                        // tmp 只取十位数，保存下一位的进位
    }
    if(tmp) c.push_back(tmp);// 判断两数相加最后有没有多一位，如果有，也要进位
    return c;
}
```

◆ 规划设计

我们初步知道了完成该项目需要哪些知识点，现对该项目进行分解，其整体的规划设计如下，请思考后，补全思维导图。

◆ 制定流程

你能根据思维导图的步骤完善下面所示的流程图吗？

主函数程序流程框图：

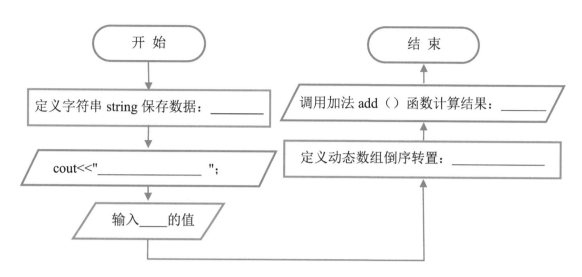

加法函数程序流程框图：

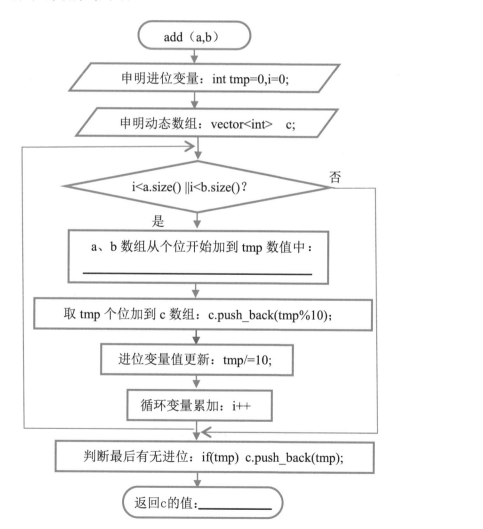

探究实践

编程实现

```
第 7 课   财富计算.cpp                          —   □   ×

 1  #include<iostream>
 2  #include<string>
 3  #include<vector>
 4  using namespace std;
 5  vector<int> add(vector<int> &a,vector<int> &b) // 加法函数
 6  {
 7      vector<int> c;
 8      int tmp=0;
 9      for(int i=0;i<a.size() ||i<b.size() ;i++)
10      {
11          if(i<a.size() ) tmp+=a[i];
12          if(i<b.size() ) tmp+=b[i];
13          c.push_back(tmp%10);
14          tmp/=10;
15      }
16      if(tmp) c.push_back(tmp);
17      return c;
18  }
19  int main()
20  {
21      string m,n;
22      vector<int> a,b,c;
23      cout<<"请输入2个长整数: "<<endl;
24      cin>>m>>n;
25      for(int i=m.length()-1;i>=0;i--)          // 数组倒序转置
26      a.push_back(m[i]-'0');
27      for(int i=n.length()-1;i>=0;i--)
28      b.push_back(n[i]-'0');
29      c=add(a,b);
30      cout<<"两数相加和为: "<<endl;
31      for(int i=c.size()-1;i>=0;i--)            // 输出答案
32          cout<<c[i];
33      return 0;
34  }
```

改进优化

上述程序假如输入的数字前面有零,那么输出的结果也有零，如下图：

上图这种情况又称结果有前导零，要想去除前导零，可以先定义一个标记用的变量，赋初值为false，然后从高位到低位读入数据，直到这个数据为true

的时候，才输出，可以将源程序的31、32行替换为如下代码：

```cpp
bool tmp=false;
for(int i=c.size()-1;i>=0;i--)
{
    if(c[i]!=0||i==0) tmp=true;
    if(tmp)
     cout<<c[i];
}
```

●●● 智慧钥匙

1. 动态数组中的函数

动态数组是一种长度可以变化的数组，在使用时非常方便，内置了许多函数可以直接调用。

```
a.size()        // 返回 vector a 的实际长度（包含的元素个数）
a.push_back(x)  // 把元素 x 插入到 vector a 的尾部
a.pop_back()    // 删除 vector a 的最后一个元素
a.front()       // 返回 vector a 的第一个元素，等价于 a[0]
a.back()        // 返回 vector a 的最后一个元素，等价于 a[a.size() – 1]
```

2. string字符串中的函数

在上册介绍过一些字符串的知识，其实string类也提供了许多函数可以直接调用。

```
str.size()          // 返回 str 的字符个数
str.length()        // 也是返回 str 的字符个数，与 str.size () 执行效果
                        相同
str.push_back(x)    // 在 str 尾部插入一个字符 x
str.insert(pos,char)// 在 str 的指定位置 pos 前插入字符
str1.append(str2)   // 在 str1 尾部插入一个字符串 str2
```

挑战空间

1. 一起来找茬

以下程序实现的功能是高精度加法，但是输出值并不正确，你能找出问题出在哪儿吗？

```
1   #include<iostream>
2   #include<string>
3   #include<vector>
4   using namespace std;
5   vector<int> add(vector<int> &a,vector<int> &b)
6   {
7       vector<int> c;
8       int tmp=0;
9       for(int i=0;i<a.size() ||i<b.size() ;i++)
10      {
11          if(i<a.size() ) tmp=a[i];          ❶
12          if(i<b.size() ) tmp+=b[i];
13          c.push_back(tmp%10);
14          tmp/=10;
15      }
16      if(tmp) c.push_back(tmp);
17      return c;
18  }
19  int main()
20  {
21      string m,n;
22      vector<int> a,b,c;
23      cout<<"请输入2个长整数: "<<endl;
24      cin>>m>>n;
25      for(int i=m.length()-1;i>=0;i++)
26      a.push_back(m[i]-'0');                 ❷
27      for(int i=n.length()-1;i>=0;i++)
28      b.push_back(n[i]-'0');
29      c=add(a,b);
30      cout<<"两数相加和为: "<<endl;
31      bool tmp=false;
32      for(int i=c.size()-1;i>=0;i--)
33      {
34          if(c[i]!=0||i==0) tmp=true;
35          if(tmp)
36           cout<<c[i];
37      }
38      return 0;
39  }
```

错误1：＿＿＿＿＿＿＿＿＿＿＿＿＿＿＿＿＿＿＿＿＿＿＿＿＿＿＿＿＿＿＿＿＿

错误2：＿＿＿＿＿＿＿＿＿＿＿＿＿＿＿＿＿＿＿＿＿＿＿＿＿＿＿＿＿＿＿＿＿

2. 编写程序

如果不用动态数组的方法，只用数组的方法，你能写出高精度加法的程序代码吗？

第 8 课

结余计算
——高精度减法

随着"90后""00后"的成长，更多年轻人步入社会，这一代人中有些拿到的工资可能还不抵自己每月花的钱。如果能统计中国这一代年轻人的年薪总和、年度总消费，通过相减计算数字的正负，就可以知道这一代年轻人有没有结余，结余是多少。此时需要相减的两个数数值非常大，这时候就需要用到高精度减法。

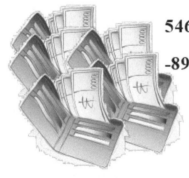

5464651371163……

-8956874630783….

●●●● 准备空间

◆ 程序体验

运行程序，先出现提示，然后输入2个长整数，按回车键，则会出现两数相减的结果（这里列举44个1减44个2的减法运算）：

```
请输入2个长整数：
11111111111111111111111111111111111111111111
22222222222222222222222222222222222222222222
两数相减结果为：
-11111111111111111111111111111111111111111111
```

◆ 问题思考

想要制作一个高精度减法的程序，需要思考的问题如图所示。你还能提出怎样的问题？填在方框中。

如何判断最后结果的正负？

数据如何相减？

我的思考

•••• 探秘指南

🔷 学习资源

1. 高精度数据相减结果的正负判断

高精度的减法可以参考高精度加法的一些设计思路，因为相减结果有正有负，所以要判断结果的正负。为了方便计算，这里可以采用的思路是先判断两数的大小，如果减数比被减数大，那就在输出结果前加一个负号。

先建立一个判断两数大小的cmp（ ）比较函数，返回值为布尔类型，如果a<b，返回为false，其他情况返回true。

```
bool cmp(vector<int> &a,vector<int> &b)
{
    if(a.size()!=b.size())              // 哪个数长度更长，肯定更大
     return a.size()>b.size();
    else for(int i=a.size()-1;i>=0;i--)
    if(a[i]!=b[i]) return a[i]>b[i];    // 如果两数长度相同，那么则从高位到低位进行比较
    return true;                        // 执行到这里说明两数值是一样
    }
```

2. 数据的加工

本案例中的数据，我们采用高精度加法方式保存，即以string类型保存数字，再建立int类型的动态数组，按实际从低位到高位分别进行倒序保存，具体方法参考上节课内容。

3. 数据的减法计算

建立sub函数进行减法计算，建立c动态数组存储最后所求的答案，这里通

过之前判断，已经确定a的值大于b的值。函数的核心是如何完成减法的借位操作，这里申明tmp来保存上一位借位的结果，借位的结果只有两种可能，要么是-1，说明上一位借位了，要么就是0，说明上一位没有借位。

从个位到最高位一一进行减法操作，每次减法后取tmp值的个位绝对值保存到c数组中，然后再判断tmp，如果小于0，说明要往上借位，赋-1给tmp，那样到下一位计算中会直接减一，如果tmp的值没借位，tmp就清零，这样循环，直到完成减法计算。

```cpp
vector<int> sub(vector<int> &a,vector<int> &b)
{
    vector<int> c;
    int tmp=0;                        // 定义 tmp 变量用来完成借位减法操作
    for(int i=0;i<a.size();i++)
    {
        tmp+=a[i];
        if(i<b.size() ) tmp-=b[i];    // 从个位开始进行减法计算 tmp+a-b
        c.push_back((tmp+10)%10);     // 取 tmp 个位的绝对值保存到 c 数组中
        if(tmp<0) tmp=-1;             // 如果 tmp 小于 0，说明要往上借位
        else tmp=0;                   // 如果 tmp 不小于 0，说明没有借位，则 tmp 值清零
    }
    return c;
}
```

● 规划设计

初步了解了项目问题所涉及的一些知识点后，通过对项目问题进行分解，请你对照下图，思考后，补全思维导图。

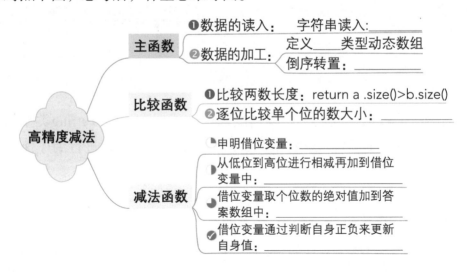

制定流程

主函数程序流程框图:

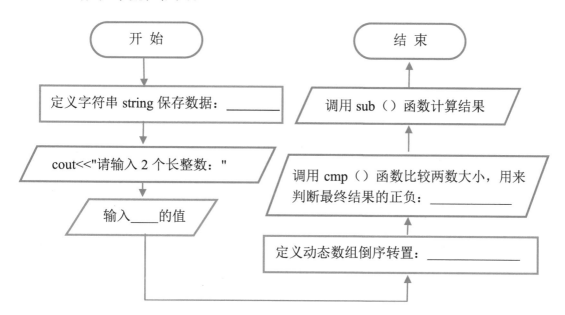

比较函数程序流程框图:

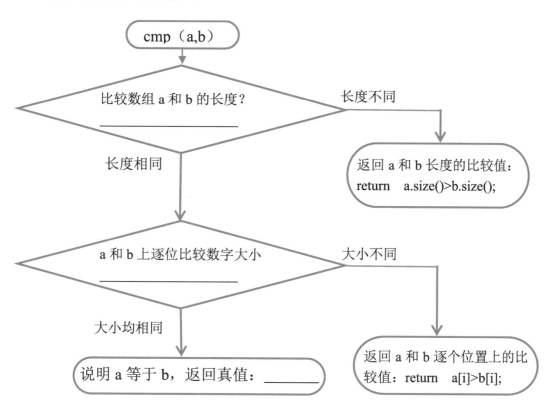

减法函数程序流程框图：

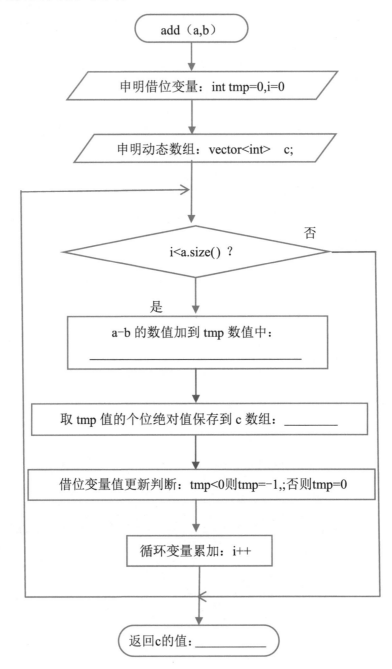

••• 探究实践

◆ 编程实现

第 8 课　结系计算.cpp　　　　　　　　　　　　　　　　　　 — 　□ 　✕

```cpp
1  #include<iostream>
2  #include<string>
3  #include<vector>
4  using namespace std;
5  bool cmp(vector<int> &a,vector<int> &b)          // 比较函数
6  {
7      if(a.size()!=b.size())
8       return a.size()>b.size();
9      else for(int i=a.size()-1;i>=0;i--)
10     if(a[i]!=b[i]) return a[i]>b[i];
11     return true;
12     }
13 vector<int> sub(vector<int> &a,vector<int> &b)  // 减法函数
14 {
15     vector<int> c;
16     int tmp=0;
17     for(int i=0;i<a.size();i++)
18     {
19         tmp+=a[i];
20         if(i<b.size() ) tmp-=b[i];
21         c.push_back((tmp+10)%10);
22         if(tmp<0) tmp=-1;
23         else tmp=0;
24     }
25     return c;
26 }
27 int main()
28 {
29     string m,n;
30     vector<int> a,b,c;
31     bool flag=false;
32     cout<<"请输入2个长整数: " <<endl;
33     cin>>m>>n;
34     for(int i=m.length()-1;i>=0;i--)             // 数组倒序转置
35     a.push_back(m[i]-'0');
36     for(int i=n.length()-1;i>=0;i--)
37     b.push_back(n[i]-'0');
38     if(!cmp(a,b))                                 // 利用比较函数
39      {                                            // 去判断a, b大小
40      flag=true;
41      c=sub(b,a);
42     }
43     else c=sub(a,b);
44     cout<<"两数相减结果为: " <<endl;               // 输出答案
45     if(flag) cout<<"-";
46     bool tmp=false;
47     for(int i=c.size()-1;i>=0;i--)
48     {
49         if(c[i]!=0||i==0) tmp=true;
50         if(tmp) cout<<c[i];
51     }
52     return 0;
53 }
```

●●● 智慧钥匙

1. 函数的返回值

cmp()函数返回值类型是bool类型，sub()函数返回值类型是int类型的动态数组；不同的函数返回值可以不一样；对于有返回值的函数，同时也相当于一个变量。

2. C++语句的真假

C++的语句也存在逻辑上的真假，也就是说这个语句是成立还是不成立，成立就是真，不成立就是假。举个例子，比如if(a>b) 就是说判断a是否大于b，如果大于，则为1，执行接下来的程序，如果不大于，则为0，不执行接下来的程序。本课的高精度减法程序第38行if(!cmp(a,b))的意思就是判断cmp(a,b)函数的返回值是不是0，是0，那么非0的结果就是1，1为真，就需要执行if后面的语句，否则无需执行。

●●● 挑战空间

1. 补全程序

以下程序实现的功能是高精度减法的主函数部分，你能补全这个程序么？

```cpp
int main()
{
    string m,n;
    vector<int> a,b,c;
    int flag=0;
    cout<<"请输入2个长整数： " <<endl;
    cin>>m>>n;
    for(int i=m.length()-1;i>=0;i--)
    a.push_back(m[i]-'0');
    for(int i=n.length()-1;i>=0;i--)
    b.push_back(n[i]-'0');
    if(!cmp(a,b))
    {
        _____❶
    c=sub(b,a);
    }
    else c=sub(a,b);
    cout<<"两数相减结果为： " <<endl;
    if(flag)
    _____❷
    bool tmp=false;
    for(int i=c.size()-1;i>=0;i--)
    {
        if(c[i]!=0||i==0) tmp=true;
        if(tmp) cout<<c[i];
    }
    return 0;
}
```

代码1：_____

代码2：_____

2. 编写程序

如果不用动态数组的方法，只用字符串数组的方法，你能写出高精度减法的程序代码吗？

距离计算
——高精度乘法

在整个宇宙中，有没有其他类似于地球这样适合人类居住的宜居星球呢？天文学家们最近通过设立在智利的欧洲天文台的天文望远镜发现了两颗类似地球的行星，上面很可能有适宜的温度和液态水存在，分别是蒂加登b和蒂加登c，最近的离地球大约有12光年，那么12光年到底是多远呢？换算成单位米，应该是多少？因为数字过于巨大，我们需要用到高精度的乘法。

●●●● 准备空间

🔶 程序体验

运行程序，先出现提示，输入2个长整数，分别是12和光年换算成米的长度：9460730472580800，按回车键，则会出现两数相乘的结果，结果就是地球距离最近的宜居星球的距离：

🔶 问题思考

想要制作一个高精度乘法的程序，需要思考的问题如图所示。你还能提出怎样的问题？填在方框中。

结果的数据长度如何界定？

数据如何相乘？

我的思考

探秘指南

学习资源

1. 计算结果的数据长度界定

在之前学习的高精度加法和减法中，计算的结果中加法结果最多比加的数多一位，减法的最终结果长度不会超过被减数位数。那么在乘法中，我们如何衡量最终结果的可能长度呢？其实，乘法结果最大长度不会超过两个相乘数的位数相加之和，所以我们可以如下图这样申明答案数组。

```
int len=a.size()+b.size(); // len 为相乘结果的最大长度
vector <int> c(len,0);        // 开辟一个长度为 len 的动态数组，
                              用来保存最终结果，并让元素全赋 0
```

2. 数据的相乘计算

高精度乘法的核心就是按位进行模拟乘法运算，实际上就是相当于在计算机中进行笔算，先逐位相乘，再错位相加。下图列举出一个3位数$a_2a_1a_0$乘2位数b_1b_0得到结果答案c数组的情况供参考。

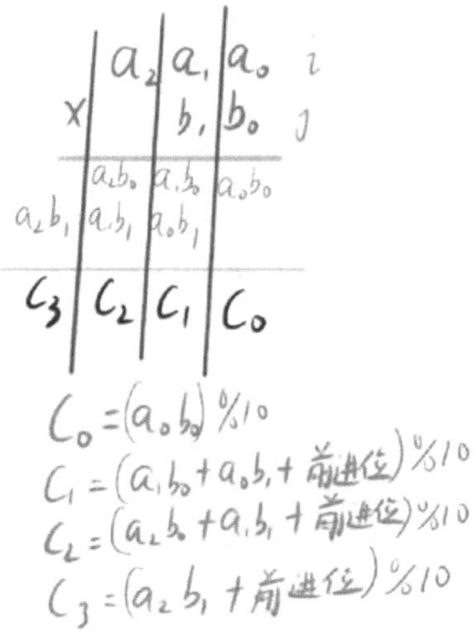

根据上面的图例，我们可以写出下面的高精度乘法代码。

$$\begin{array}{c|ccc} \times & a_2 & a_1 & a_0 & i \\ & & b_1 & b_0 & j \\ \hline & a_2b_0 & a_1b_0 & a_0b_0 \\ a_2b_1 & a_1b_1 & a_0b_1 \\ \hline c_3 & c_2 & c_1 & c_0 \end{array}$$

$C_0 = (a_0b_0)\%10$

$C_1 = (a_1b_0 + a_0b_1 + 前进位)\%10$

$C_2 = (a_2b_0 + a_1b_1 + 前进位)\%10$

$C_3 = (a_2b_1 + 前进位)\%10$

```
for(int i=0;i<a.size();i++)          // 按低位到高位遍历 a,b 数组
    for(int j=0;j<b.size();j++)
    {
        c[i+j]+=a[i]*b[j];           // 从低位开始逐个位进行乘法计算
        c[i+j+1]+=c[i+j]/10;         // 当前位若大于 9，则需要往前进位
        c[i+j]=c[i+j]%10;            // 当前位只留个位数
    }
```

● 规划设计

我们初步了解了完成该项目需要的一些准备知识后，通过对项目问题的分解，发现需要

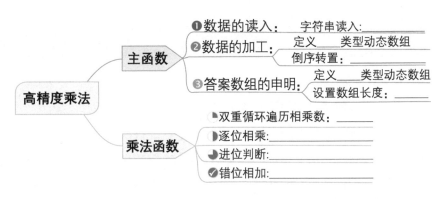

分两个部分完成，其整体的规划设计如下，请思考后，补全思维导图。

● 制定流程

主函数程序流程框图：

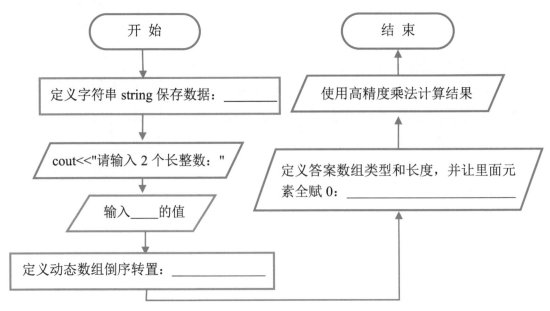

高精度乘法算法程序流程框图：

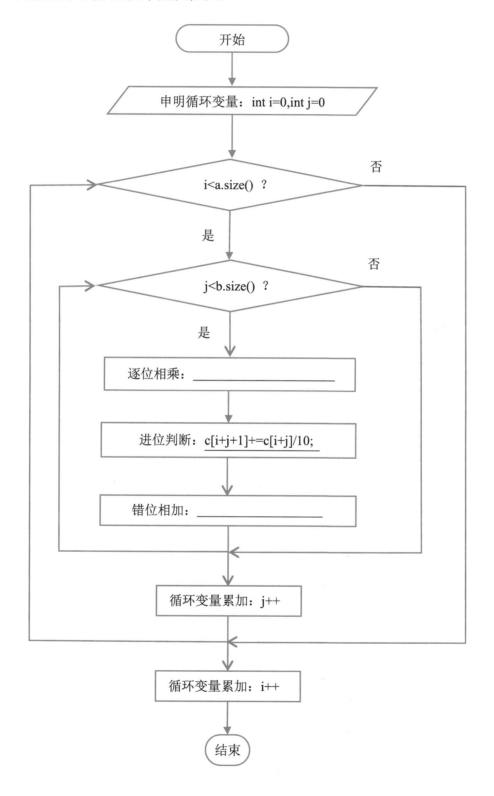

探究实践

编程实现

```
第 9 课    距离计算.cpp                                    —   ☐   ✕

1    #include<bits/stdc++.h>
2    using namespace std;
3    int main()
4    {
5        vector<int> a,b;
6        string m,n;
7        cin>>m>>n;
8        for(int i=m.length()-1;i>=0;i--)  // 数组倒序转置
9        a.push_back(m[i]-'0');
10       for(int i=n.length()-1;i>=0;i--)
11       b.push_back(n[i]-'0');
12       int len=a.size()+b.size();        // 计算结果最大长度
13       vector <int> c(len,0);
14   for(int i=0;i<a.size();i++)           // 高精度乘法算法
15       for(int j=0;j<b.size();j++)       部分
16       {
17           c[i+j]+=a[i]*b[j];
18           c[i+j+1]+=c[i+j]/10;
19           c[i+j]=c[i+j]%10;
20       }
21       for(int i=len-1,tmp=0;i>=0;i--)   // 输出答案
22       {
23           if(c[i]!=0||i==0)  tmp=1;
24           if(tmp) cout<<c[i];
25       }
26       return 0;
27   }
```

智慧钥匙

1. 动态数组的元素值赋0

高精度乘法算法核心不仅仅在于逐位相乘，错位相加，还有一个必要的前提就是答案数组里的元素必须都要赋0。数组内元素全部赋0的操作很常见，我们经常在主函数外定义数组，那样数组内元素自动赋0，但是动态数组赋0有自己的格式，如下：

> vector<类型> 变量名（数组长度，0）;

2. 高精度算法之间的联系

本单元介绍了3种高精度算法，分别是加法、减法和乘法。如果深挖这三种算法的思路，会发现高精度加法是减法和乘法的基础。我们可以用一句话来概括三种算法的核心：加法进位，减法借位，乘法逐位相乘，错位相加。

••• 挑战空间

1. 一起来找茬

以下程序实现的功能是高精度乘法，但是输出值并不正确，你能找出问题出在哪儿吗？

```cpp
#include<bits/stdc++.h>
using namespace std;
int main()
{
    vector<int> a,b;
    string m,n;
    cout<<"请输入2个长整数：";
    cin>>m>>n;
    for(int i=m.length()-1;i>=0;i--)
    a.push_back(m[i]-'0');
    for(int i=n.length()-1;i>=0;i--)
    b.push_back(n[i]-'0');
    int len=a.size()+b.size();
    int c[len];                          ❶
for(int i=0;i<a.size();i++)
     for(int j=0;j<b.size();j++)
     {
        c[i+j]=a[i]*b[j];                ❷
        c[i+j+1]+=c[i+j]/10;
        c[i+j]=c[i+j]%10;
     }
    cout<<"两数相乘结果为："<<endl;

    for(int i=len-1,tmp=0;i>=0;i--)
    {
        if(c[i]!=0||i==0) tmp=1;
        if(tmp) cout<<c[i];
    }
    return 0;
}
```

错误1：_____

错误2：_____

2. 编写程序

如果不用动态数组的方法，只用字符串数组的方法，你能写出高精度乘法的程序代码吗？

微信扫码
观看·教学视频
下载·配套素材

第4单元

前后有序 提高效率
——排序算法

什么是排序？将杂乱无章的数据元素，通过一定的方法按关键字前后顺序排列的过程叫做排序。

在计算机程序中，排序是经常进行的一种操作，其目的是将一组"无序"的记录序列调整为"有序"的记录序列。本章学习的排序算法就是让记录按照指定的要求进行排列，将学习到冒泡排序、桶排序、快速排序、结构体排序。不管是什么类型的排序算法，都可以快速提高工作效率，节省工作时间。

本单元内容

```
                    ┌─── 冒泡排序 ──── 火车调度
                    │
                    ├─── 桶排序 ───── 选票统计
   排序算法 ────────┤
                    ├─── 快速排序 ──── 业绩评比
                    │
                    └─── 结构体排序 ── 奖金发放
```

火车调度
——冒泡排序

　　火车站里面有5列火车，每一列火车行驶的速度均不同，分别是140km/h、160km/h、130km/h、110km/h、150km/h。让速度快的火车先出发，然后再让速度慢的火车出发，这样所有火车才会有条不紊地安全运行。在C++中，怎么样设计程序才能合理安排火车行驶的顺序呢？

140，160， 130， 110， 150
→

160，150， 140， 130， 110
要怎么样才能合理安排火车行驶的顺序呢？

•••• 准备空间

◆ 理解题意

　　给出5个整数，存到数组中，将它们按照从大到小降序输出。

◆ 问题思考

　　在完成此项目的过程中，需要先定义原始数组，将5个无序的整数存到数组中，再将数值进行比较和交换，逐步将一个无序数列排列为一个有序数列进行输出。请先思考如下问题。你还能提出怎样的问题？填在方框中。

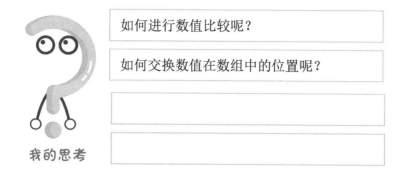

如何进行数值比较呢？

如何交换数值在数组中的位置呢？

我的思考

探秘指南

学习资源

1. 数组

C++语言支持数组数据结构，它可以存储一个固定大小的、相同类型元素的顺序集合，数组的索引从0开始。声明数组必须要有以下三个元素：数据类型、变量名、数组大小，具体用法格式如下：

```cpp
#include<iostream>          // 引入 iostream 库
using namespace std;
int main(){
    int nums[] = {1,2,3,4,5};   // 定义数组并初始化
    int nums1[10];              // 定义大小为 10 的数组
}
```

2. 冒泡排序

冒泡排序和气泡在水中不断往上冒的情况有些类似。气泡大的(大的数据)在下面，气泡小的(小的数据)在上面。每次从最下面的元素开始，通过逐次往上比较，将较小的数向上推移。冒泡排序的基本原理是对存放原始数据的数组，按从前往后的方向进行多次扫描，每次扫描称为一趟。当发现相邻两个数据的次序与排序要求的大小次序不符合时，将这两个数据进行互换。这样，较小的数据就会逐个向前移动，好像气泡向上浮起一样。

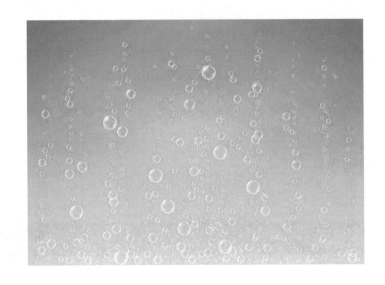

规划设计

在了解了冒泡排序的概念后，将5个整数存到数组中，通过冒泡排序的方法将它们从大到小降序输出。接下来再分析上面的2个问题，得出问题解决的思维导图，其整体的规划设计如下。

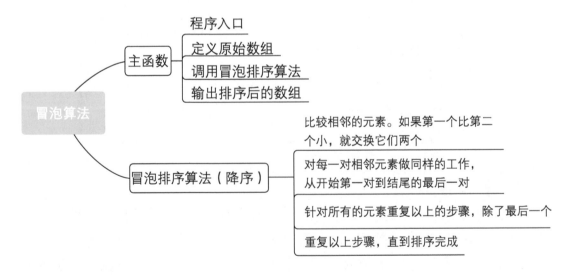

制定流程

主函数的程序流程图示意如下。

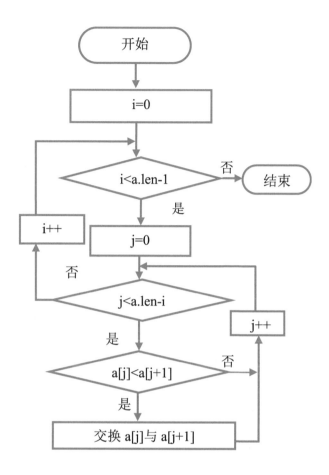

冒泡排序算法(降序)的程序流程图示意如下。

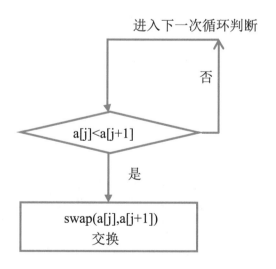

探究实践

编程实现

第 10 课　火车调度.cpp

```cpp
1  #include <iostream>
2  using namespace std;
3  void swap(int *a,int i,int j) {        // 定义临时变量存储 a[i]的
4      int t = a[i];                      // 将 a[j]的值赋给 a[i]
5      a[i] = a[j];                       // 将 a[i]的值赋给 a[j]
6      a[j] = t;
7  }
8  void bubble_sort(int *a,int len) {
9      int max = len-1;
10     int i,j;
11     for(i=0; i<max; i++) {             // 进行循环遍历数组
12         for(j=0; j<max-i; j++) {       // 进行相邻元素比较,此处是降序比较
13             if(a[j+1]>a[j]) {          // 定义交换逻辑
14                 int t = a[j];
15                 a[j] = a[j+1];         // 将数组 j 位置和 j+1 位置互
16                 a[j+1] = t;
17             }
18         }
19     }
20 }
21 int main () {
22     int a[] = {140,160,130,110,150};   // 定义数组并初始化
23     int len = sizeof(a)/sizeof(int);   // 计算数组大小
24     bubble_sort(a,len);
25     for(int i=0; i<len; i++)
26         cout<<a[i]<<" ";               // 输出排序后数组的值
27     cout<<endl;
28 }
```

测试程序

运行程序，排序的输出结果如下图：

```
160 150 140 130 110
-------------------------------------
Process exited after 0.03799 seconds with return value 0
请按任意键继续. . .
```

易犯错误

第13行，数组a={140，160，130，110，150}，当j=1时，如果a[2]<a[1]交换，则输出结果为"140 130 160 110 150，"数值较大的将会被排到后面的位置成了升序排序，所以应该是a[j+1]> a[j] 为降序排序，输出结果才是"160 150 140 130 110"。

第14行，如果直接将a[j]与a[j+1]进行交换，会导致两个数值相等，因此不能直接交换变量中的值，必须采取中间变量值暂存数组。

智慧钥匙

1. 冒泡排序的要点

冒泡排序：每次从最下面的元素开始，通过逐次往上比较，将较小的数向上推移。

如果有n个数组元素进行排序，第i个元素（$0<i<n$）要进行$n-i$次冒泡，

第一次冒泡要经过$n-1$次比较；

第二次冒泡要经过$n-2$次比较；

……

第$n-1$次冒泡要经过1次比较；

总计：$(n-1)+(n-2)+(n-3)+\cdots+2+1$。

2. 冒泡排序的实现过程

冒泡排序算法的实现借助于循环比较并交换，用相邻两元素比较，符合要求则交换位置，小的放右边，最终实现从大到小的排序。用冒泡算法求数组{140，160，130，110，150}的实现流程示意图如下：

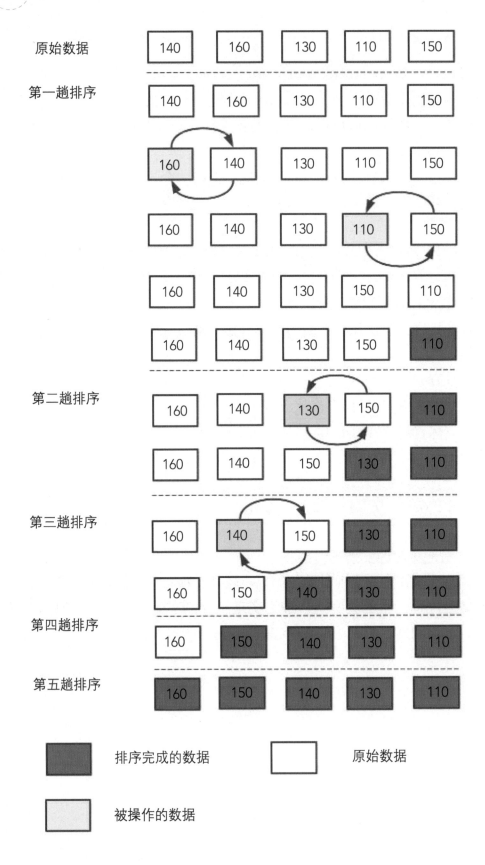

原始数据 | 140 | 160 | 130 | 110 | 150

第一趟排序

排序完成的数据　　原始数据

被操作的数据

●●● **挑战空间**

1. 试一试

观察下面程序，写出运行结果，并上机验证。

```cpp
1  #include <iostream>
2  using namespace std;
3  void swap(int a[], int i, int j) {
4      int temp = a[i];              // 定义临时变量
5      a[i] = a[j];                  // 将 a[i]的值与 a[j]交换
6      a[j] = temp;
7  }
8
9  void BubbleSort1(int a[], int n) {
10     for(int i = 0; i<n-1; i++) {
11         for(int j=i+1; j<n-1; j++)
12             if (a[i]>a[j]) {   // 如果当前值比比较值大,则交换
13                 swap(a, j, i);
14             }
15     }
16 }
17 int main() {
18     int a[5] ;
19     cout<<"请输入要排序的元素:"<< endl;   // 输入数据集
20     for(int i = 0;i<5;i++)
21     cin >> a[i];
22     BubbleSort1(a, 5);
23     cout <<"排序后的数组元素"<< endl;// 输出排序数组元素
24     for(int i = 0; i<5; i++)
25         cout<<a[i] <<" ";
26 }
```

输入：7　3　4　2　6

输出：_____

2. 一起来找茬

以下程序用来输出数组中的数据并按照降序排序，程序中标注的地方有些

问题，请你思考后并改正，你能找到错误吗？

```cpp
1  #include <iostream>
2  using namespace std;
3  void swap(int *a,int i,int j) {
4      int t = a[i];
5      a[i] = a[j];
6      a[j] = t;
7  }
8  void bubble_sort(int *a,int len) {
9      int max = len-1;
10     int i,j;
11     for(i=0; i<max; i++) {
12         for(j=0; j<max-i; j++) {
13             if(a[j+1]>a[j]) {
14                 int t = a[j];
15                 a[i] = a[j+1];          ❶
16                 a[j] = t;               ❷
17             }
18         }
19     }
20 }
21 int main () {
22     int a[] = {9,0,6,5,8,2,1,7,4,3};
23     int len = sizeof(a)/sizeof(int);
24     bubble_sort(a,len);
25     for(int i=0; i<len; i++)
26         cout<<a[i]<<" ";
27     cout<<endl;
28 }
```

错误1：＿＿＿＿＿＿＿＿＿＿＿＿＿＿＿＿＿＿＿＿＿＿＿

错误2：＿＿＿＿＿＿＿＿＿＿＿＿＿＿＿＿＿＿＿＿＿＿＿

3. 编写程序

给定一个整数数组a{9000，1000，6000，5000，8000，2000，1000，7000，4000，3000}用作存放公司员工工资，求去掉最低工资和最高工资后的平均工资和总工资(提示：对工资进行升序排序，排序后第一个数和最后一个数分别作为最低工资和最高工资并去掉，进行平均值计算)。

第 11 课
选票统计
——桶排序

在校园歌手比赛中有5位歌手参加了比赛，每位歌手的编号依次为1，2，3，4，5；要求10位观众给这5位选手投票，每位观众投出的选票上的歌手编号为1，4，5，2，3，1，2，3，3，1。请聪明的你通过C++编程统计每位歌手获得的票数，并依次展示出投票的结果。

●●● 准备空间

◆ 理解题意

给出5位歌手的编号和10张写有歌手编号的票，将选票投到对应歌手的桶内，并统计每位歌手获得的总票数，并将选票结果升序输出。

◆ 问题思考

解决本项目，需要先准备一个数组A存放观众们的选票数，再定义一个数组B作为容器记录每位选手获得的票数。请先思考如下问题。你还能提出怎样的问题？填在方框中。

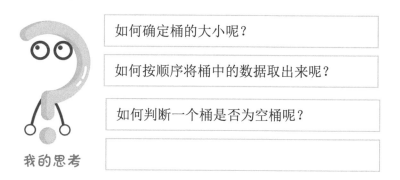

如何确定桶的大小呢？

如何按顺序将桶中的数据取出来呢？

如何判断一个桶是否为空桶呢？

我的思考

探秘指南

学习资源

1. 桶排序要点

桶排序也叫做箱排序，是一种排序算法，原理是将数组分到有限数量的桶里，每个桶再进行个别排序。桶排序是鸽巢排序的一种归纳结果。

◆ **桶含义：** 大小为n的数组A代表有n个桶，当0<=i<n时，A[i]代表第i个桶。

◆ **桶排序的基本流程**

第1步，给出待排序数组，并求出待排序数列中的最大值maxVal；

第2步，maxVal+1作为数组A的大小，创建数组A；

第3步，将数据分到有限数量的桶里；

第4步，还原数组。

2. 桶排序思想

桶排序不同于大多数排序算法，它并不基于比较排序，而是将数组中的数值分到对应的桶中。桶的下标代表了给出数组中的数值，桶的值代表了数值出现的次数。根据下图所示，每张选票都放入对应的桶中。

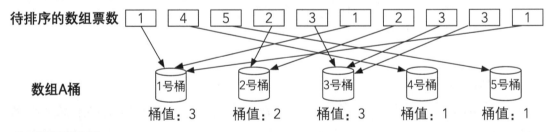

规划设计

在了解了桶排序的概念后，我们初步知道了如何用桶排序的方法来统计每个歌手获得的总票数，并将选票结果升序输出，接下来再分析上面的3个问题，得出问题解决的思维导图。

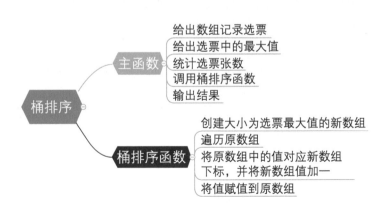

制定流程

主函数的程序流程图示意如下：

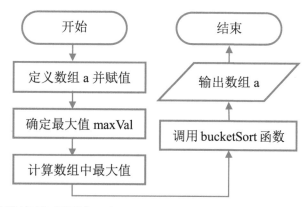

bucketSort桶排序流程图如下：

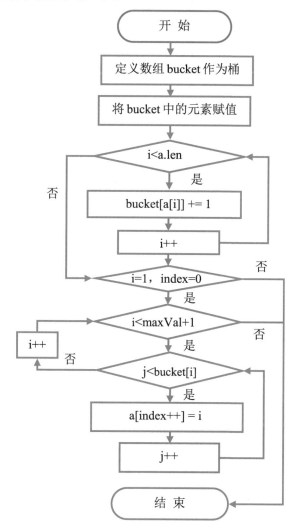

探究实践

编程实现

第 11 课　选票统计.cpp ⏤ ☐ ✕

```cpp
1   #include <iostream>
2   using namespace std;
3   void bucketSort(int a[], int maxVal,int n) {
4       int bucket[maxVal+1];     // 定义新数组,+1 是避免越界
5       for(int i = 0; i<maxVal+1; i++) bucket[i] = 0;
6       for(int i = 0; i<n; i++) {
7           bucket[a[i]] += 1;     // 将对应桶中的值加一
8       }
9       int index = 0;
10      for(int i = 1; i<maxVal+1; i++) { // 赋值到原数组
11          for(int j = 0; j<bucket[i]; j++) {
12              a[index++] = i;
13          }
14      }
15  }
16  int main() {
17      int a[] = {1,4,5,2,3,1,2,3,3,1}; // 定义数组存放选票
18      int maxVal = 5;                  // 选票数组最大值
19      int n = sizeof(a)/sizeof(int); // 计算数组大小
20      bucketSort(a,maxVal,n);
21      for(int i = 0; i<n; i++)          // 输出排序后数组的值
22          cout<<a[i]<<" ";
23      return 0;
24  }
```

测试程序

运行程序，排序的输出结果如下图：

```
1 1 1 2 2 3 3 3 4 5
--------------------------------
Process exited after 0.02294 seconds with return value 0
请按任意键继续. . .
```

易犯错误

第4行，在开辟新数组的时候，应该是对选票中最大数再加一，否则会产生数组溢出，比如当最大值为5时，开辟新数组int bucket[5]，此时bucket[5]并不能代表第五号选手的选票次数。

第12行，在将数据赋值到原数组的时候，必须要定义一个index，记录当前操作的下标位置，否则会产生数据赋值不完全或者赋值失效的错误。

••• 智慧钥匙

1. 桶排序实现过程

桶排序的实现过程大致可以分为三步：

第1步，实现桶：定义一个大小为N的数组，代表N个桶；

第2步，桶计数功能：每个桶应该记录下对应数值出现的次数；

第3步，输出桶的值：验证每个桶内是否有数值，并选择输出。

实现流程示意图如下：

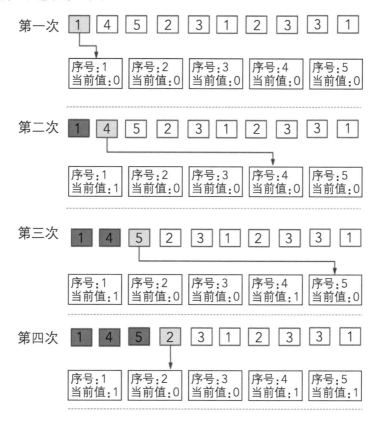

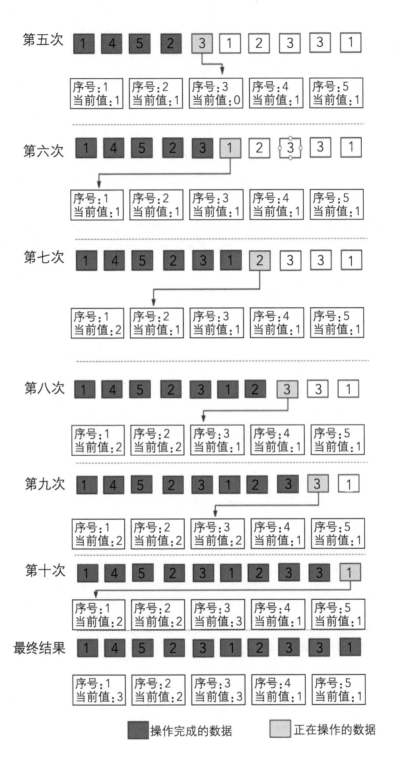

操作完成的数据　　　正在操作的数据

2. 桶排序的优缺点

优点：稳定、简单、是排序中最快的方法，相比冒泡排序，桶排序程序实现更加简单，而且效率也高了很多。

缺点：最耗空间的一种排序算法，使用桶排序占用内存很大，如果需要排序的数字是1和10000这两个数，就必须定义10000个桶。由于桶的标号只能是整数，所以并不能排序小数，只能排序整数。

●●● 挑战空间

1. 试一试

有100个箱子，每个箱子按照1～100的顺序编号，输入10本书的编号，将书放入对应编号的箱子，并将书按编号从小到大输出显示。

```cpp
1   #include <iostream>
2   using namespace std;
3   int main() {
4       int book[101],i,j,t,n;
5       for(i=0; i<=100; i++)// 初始化桶的值
6           book[i]=0;
7       n = 10;
8       for(i=1; i<=n; i++) {   // 循环读入 10 个数，并进行桶排序
9           cin>>t;     // 把每一个数读到变量 t 中
10          book[t]++;    // 进行计数，对编号为 t 的桶放一本书
11      }
12      for(i=0; i<=100; i++)// 依次判断编号 0~100 的桶
13          for(j=1; j<=book[i]; j++)
14              cout<<i<<" ";   // 出现了几次就将桶的编号打印几次
15      return 0;
16  }
```

输入：10   90   80   40   50   7   50   30   30   7

输出：_____

2. 一起来找茬

以下程序用来输出给定数组，并将这个数组按照升序排序输出，但程序中标注的地方有些问题，请你找出错误并改正，你能找到其中三个错误吗？

```
 1  #include <iostream>
 2  using namespace std;
 3  void bucketSort(int a[], int maxVal,int n) {
 4      int bucket[n];                          ➊
 5      for(int i = 0; i<maxVal+1; i++) bucket[i] = 0;
 6      for(int i = 0; i<n; i++) {
 7          bucket[i] += 1;                     ➋
 8      }
 9      int index = 0;
10      for(int i = 1; i<maxVal+1; i++) {
11          for(int j = 0; j<bucket[i]; j++) {
12              a[++index] = i;                 ➌
13          }
14      }
15  }
16  int main() {
17      int a[] = {1,4,5,2,3,1,2,3,3,1};
18      int maxVal = 5;
19      int n = sizeof(a)/sizeof(int);
20      bucketSort(a,maxVal,n);
21      for(int i = 0; i<n; i++)
22          cout<<a[i]<<" ";
23      return 0;
24  }
```

错误1：_____

错误2：_____

错误3：_____

3. 编写程序

期末考试结束了，老师要将同学们的分数按照从低到高排序。班上有5个同学，这5个同学分别考了67分、78分、44分、95分和88分（满分是100分），接下来将分数进行从小到大排序，排序后结果是44，67，78，88，95。热心的你有没有什么好方法编写一段程序，帮助老师将同学们的成绩由低到高输出呢？

业绩评比
——快速排序

家电产品公司里有10位员工，本月底公司将设立销售业绩排行榜，按照本月各人销售业绩从大到小排列，并将排行榜前三名作为本月业绩之星，给予一定奖励，10人销售业绩分别是：330件、430件、510件、280件、410件、650件、270件、450件、250件、560件。你能按照10位员工的销售业绩排列出本月三位业绩之星吗？

●●●● 准备空间

◆ 理解题意

将本公司10位员工的销售业绩从大到小进行排序，然后根据业绩排名的情况，快速排出前三名作为本月业绩之星。

◆ 问题思考

在完成此项目的过程中，考虑到公司人员数量相对多的情况，因此不采用冒泡排序和桶排序算法，而是采用更快的快速排序算法来解决问题。在编程实现的过程中，需要思考的问题如图所示。你还能提出怎样的问题？填在方框中。

快速排序的思想是什么？

快速排序要如何实现呢？

相比冒泡排序，快速排序有什么优势呢？

我的思考

探秘指南

学习资源

1. 快速排序的思想

快速排序使用分治的思想，通过一趟排序将要排序的数据分割成独立的两个部分，一部分的所有数据比另一部分的所有数据都要小，然后按照此方法对这两部分的数据分别进行快速排序，整个排序的过程可以递推进行，以此将整个数据变成有序的序列。

2. 分治算法

分治算法的步骤可以分为分和治。分治算法思想中的分是将一个问题分解为多个规模较小的子问题，这些子问题相互独立且与原问题性质相同；分治算法思想中的治则是求出子问题的解，并且还原原问题，就可得到原问题的解。分治算法思想描述图如下：

原数据	1	2	3	4	5	6	7	8

子数据1	1	2	3	4

子数据2	5	6	7	8

规划设计

按照分治思想以及递推的方法，程序的实现由2个函数模块构成，分别是主函数和快速排序函数，其具体的功能实现如下图所示。

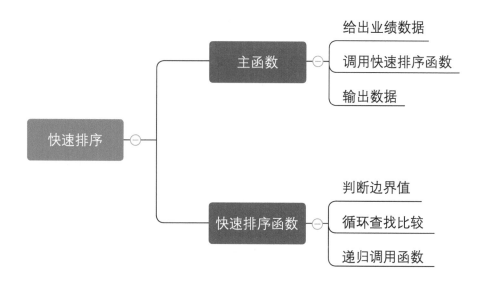

● **制定流程**

主函数的程序流程图示意如下：

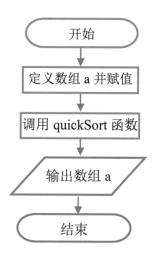

quickSort程序流程图如下：

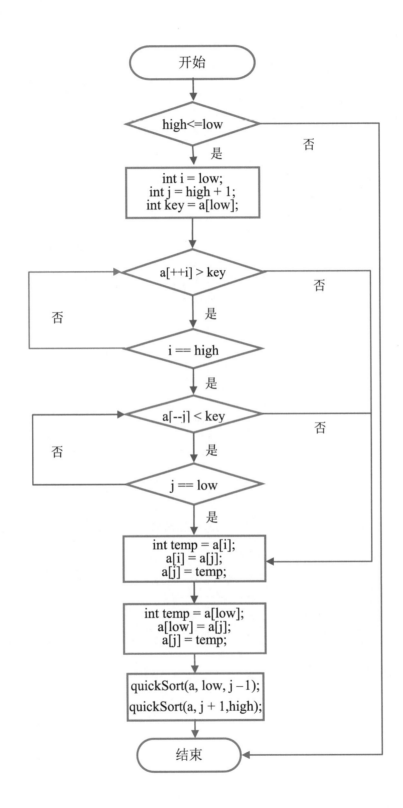

探究实践

编程实现

第12课 业绩评比.cpp   −   ▢   ✕

```cpp
1   #include <iostream>
2   using namespace std;
3   void quickSort(int a[], int low, int high) { // 递归函数，包含三个参数
4       if (high <= low) return; // 递归函数结束条件
5       int i = low;
6       int j = high + 1; // 定义基准数
7       int key = a[low];
8       while (true) {
9           while (a[++i] > key) if (i == high) break; // 从左往右找比 key 大的数
10          while (a[--j] < key) if (j == low) break; // 从右往左找比 key 小的数
11          if (i >= j) break; // 满足条件则交换
12          int temp = a[i];
13          a[i] = a[j];
14          a[j] = temp;
15
16          for(int i = 0;i<10;i++) cout<<a[i]<<" ";cout<<endl;
17      }
18      int temp = a[low];
19      a[low] = a[j];
20      a[j] = temp;
21      cout<<"i :"<<i<<" j: "<<j<<" low: "<<low<<" high: "<<high<<endl;
22      for(int i = 0;i<10;i++) cout<<a[i]<<" ";cout<<endl;
23      quickSort(a, low, j - 1);       // 递归调用前半部分和后半部分
24      quickSort(a, j + 1, high);
25  }
26  int main() {
27      int a[] = {330,430,510,280,410,650,270,450,250,560}; // 定义业绩
28
29      for(int i = 0;i<10;i++) cout<<a[i]<<" ";cout<<endl;
30      int n = sizeof(a) / sizeof(a[0]);
31      quickSort(a, 0, n - 1);                // n-1 为了防止数组越界
32      for(int i = 0; i < n; i++) cout << a[i] << " ";
33      return 0;
34  }
```

测试程序

运行程序，排序的输出结果如下图：

```
650 560 510 450 430 410 330 280 270 250
--------------------------------
Process exited after 0.02616 seconds with return value 0
请按任意键继续. . .
```

易犯错误

第4行，如果在递推调用的时候没有定义中止条件，那么程序会无限递推调用下去，结果必然会造成内存溢出。

第9行，在查找比基准数大的数的时候，必须要注意定义的指针i不能够超过high值，不进行判断会直接导致指针下标溢出。

第23行，在进行递推调用时，区间值不能有交集，因此在调用的时候j需要减1。

●●●● 智慧钥匙

1. 快速排序实现过程

快速排序的实现过程大致可以分为以下三步：

第1步，定义基准数；

第2步，比较交换，将比这个数大的数全放到它的左边，小于或等于它的数全放到它的右边；

第3步，实现递推调用函数。

实现流程示意图如下：

| 原始数据 | 330 | 430 | 510 | 280 | 410 | 650 | 270 | 450 | 250 | 560 |

第一次排序
	330	430	510	280	410	650	270	450	250	560
	330	430	510	560	410	650	270	450	250	280
	330	430	510	560	410	650	450	270	250	280
	450	430	510	560	410	650	330	270	250	280

第二次排序
| | 450 | 650 | 510 | 560 | 410 | 430 | 330 | 270 | 250 | 280 |

第三次排序
| | 560 | 650 | 510 | 450 | 410 | 430 | 330 | 270 | 250 | 280 |
| | 650 | 560 | 510 | 450 | 410 | 430 | 330 | 270 | 250 | 280 |

在第四次排序过后，也就是首轮递推结束，此时j=6之前的数据已经全部排序完成，前半部分不需要再次进行比较，第二轮递推从j=7开始。

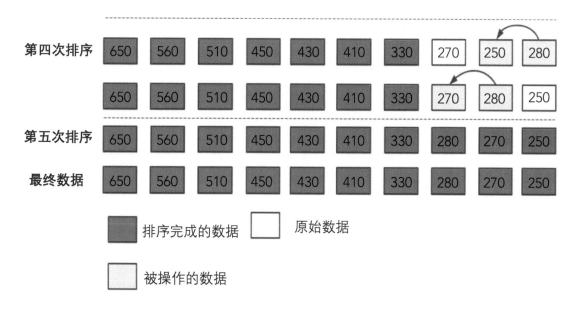

2. **快速排序和冒泡排序的对比**

快速排序和冒泡排序是不分VB、QB、VC、C++或者别的什么语言的，它们都是一种排序的算法，快速排序是对冒泡排序的一种改进。

冒泡排序的思想是在每一次排序过程，通过相邻元素的交换，将当前没有排好序的最大（小）元素移到数组的最右（左）端。而排序的思想也很直观：每一次排序过程，获取当前没有排好序的最大（小）的元素和数组最右（左）端的元素交换，循环这个过程即可实现对整个数组排序。

快速排序使用的是分治的思想，先选定一个值作为基准数，再将比基准数小的元素放在它的左（右）边，将比它大的放在另一边；然后在左边的元素中再找一个值，重复上面的操作；在右边也进行相同的操作，最后整个数组就会被很快排好顺序了，但是很不稳定。

● ● ● 挑战空间

1. 试一试

下面有10个数，要求你用快速排序算法找出最小的3个数，并进行输出。

```
1   #include <iostream>
2   using namespace std;
3   void quickSort(int a[], int low, int high) {
4       if (high <= low) return;
5       int i = low;
6       int j = high + 1;
7       int key = a[low]; // 基准数
8       while (true) {
9           while (a[++i] < key) if (i == high) break; // 找比 key 小的值
10          while (a[--j] > key) if (j == low) break; // 找比 key 大的值
11          if (i >= j) break;
12          int temp = a[i];
13          a[i] = a[j];
14          a[j] = temp;
15      }
16      int temp = a[low];
17      a[low] = a[j];
18      a[j] = temp;
19      quickSort(a, low, j - 1); // 递推调用
20      quickSort(a, j + 1, high);
21  }
22  int main() {
23      int a[] = {19,2,39,21,35,31,43,8,93,28};
24      int n = sizeof(a) / sizeof(a[0]);
25      quickSort(a, 0, n - 1);
26      for(int i = 0; i < 3; i++) cout << a[i] << " "; // 打印前三小的值
27      return 0;
28  }
```

输入：19，2，39，21，35，31，43，8，93，28

输出：_____

2. 一起来找茬

以下程序用来实现快速排序算法的降序输出，但是下面的程序中有几个小错误，你能找到程序中标记处的错误并改正吗？

```
1   #include <iostream>
2   using namespace std;
3   void quickSort(int a[], int low, int high) {
4       if (high <= low) return;
5       int i = low;
6       int j = high;                                    ❶
7       int key = a[low];
8       while (true) {
9           while (a[++i] < key) if (i == high) break;
10          while (a[--j] > key) if (j == low) break;
11          if (i >= j) break;
12          int temp = a[i];
13          a[i] = a[j];
14          a[j] = temp;
15      }
16      int temp = a[low];
17      a[low] = a[j];
18      a[j] = temp;
19      quickSort(a, low, j);                            ❷
20      quickSort(a, j, high);                           ❸
21  }
22  int main() {
23      int a[] = {19,35,312,39,8,9};
24      int n = sizeof(a) / sizeof(a[0]);
25      quickSort(a, 0, n - 1);
26      for(int i = 0; i < 3; i++) cout << a[i] << " ";
27      return 0;
28  }
```

错误1：_____

错误2：_____

错误3：_____

3. 编写程序

小明的家族里面有10个人，他们的身高分别是180cm、171cm、175cm、179cm、169cm、167cm、159cm、172cm、155cm、173cm，现在小明要给家人的身高进行排序，请你用程序编写算法，实现从左往右按照身高进行升序排序。

第 13 课

奖金发放
——结构体排序

保险公司年终奖金发放，请你统计每位员工对应的奖金信息，并按奖金额从大到小的顺序将员工信息排列出来。

●●●● 准备空间

理解题意

将保险公司10位员工的奖金额度从大到小进行排序，并列出每位员工的信息以及对应的奖金额度。

问题思考

在完成这个项目的过程中，我们应该先考虑结构体如何设计，然后选择并设计相应的排序方法进行排序，再输出数据信息。假设声明一个结构体Staff，应当如何设计这个结构体呢？在编程实现的过程中，需要思考的问题如图所示。你还能提出怎样的问题？填在方框中。

Staff 结构体如何设计呢？

如何自定义排序规则？

我的思考

●●● 探秘指南

◆ 学习资源

1. 结构体

结构体是一个集合，它能够包含一个或者若干个变量，这些变量可以是不同的数据类型，在实际应用中，为了处理得更方便，我们将这些变量组合在一个结构体中，当然，在使用结构体之前我们必须对其进行声明。

◆ **声明结构体的格式：**

```
struct 结构体名{
        成员变量1;
        成员变量2;
}结构变量1, 结构变量2;
```

◆ **两种声明结构体代码示意如下：**

第一种声明结构体：

```
struct Animal{              // 定义 Animal 结构体
    string name;            // 定义名称变量
    int age;                // 定义年龄变量
};
```

第二种声明结构体：

```
struct Animal{              // 定义 Animal 结构体
    string name;            // 定义名称变量
    int age;                // 定义年龄变量
}A1,A2;                     // 定义结构体别名
```

◆ **结构体变量的声明：**

结构体变量的声明和数据类型变量的声明是一样的，格式如下：

结构体名 变量名；

可以在声明时一并初始化：

结构体名 变量名 = {成员变量值1,成员变量值2}；

2. 结构体构造函数

在使用结构体时，需要快速、方便地往结构体内传递参数并初始化赋值，可用结构体构造函数对其进行初始化。

◆ **结构体构造函数的格式：**

```
struct 结构体名{
    成员变量1；
    成员变量2；
    结构体名(数据类型 变量名，……){
        操作语句……
    };
}
```

◆ **结构体构造函数的代码示意如下:**

```
struct Animal{                          // 定义 Animal 结构体
    string name;                        // 定义名称变量
    int age;                            // 定义年龄变量
    Animal(string _name,int _age){      // 定义结构体构造函数
        age = _age;                     // 给成员变量赋值
        name = _name;
    }
}
```

◆ **声明结构体变量并初始化的代码示意如下:**

```
Animal A1("duck",12);        // 定义结构体变量并初始化
Animal A2 = Animal("dog",18);
```

● **规划设计**

到此，我们对结构体有了一定的了解，思考程序的运作流程，程序实现应当由三个模块构成，分别是结构体声明、主函数和结构体排序三个部分，其具体的功能实现如下图所示。

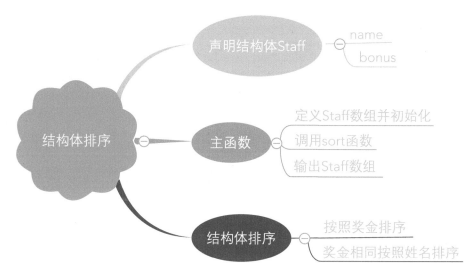

制定流程

声明函数结构体：

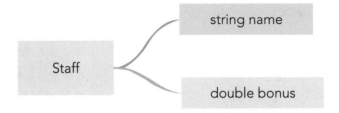

主函数的程序流程图示意如下：

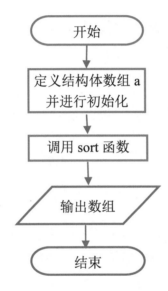

结构体sort程序流程图如下：

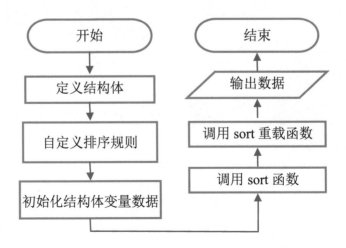

●●● 探究实践

◆ 编程实现

第 13 课 发放奖金 .cpp   — ▢ ✕

```cpp
1   #include<iostream>
2   #include<string>
3   #include <algorithm>              // 引入 algorithm 库
4   using namespace std;
5   struct Staff {                    // 定义结构体 Staff
6       string name;                  // 定义姓名变量
7       double bonus;                 // 定义奖金变量
8   };
9   bool cmp(const Staff& s1, const Staff& s2) { // 定义排序规则为奖金降序
10      return s1.bonus > s2.bonus ;
11  }
12
13  int main() {
14      Staff a[10] = {
15          {"李明",1200},{"王刚",1700},{"赵四",1300},
16          {"王五",1900},{"范丞",900},{"邓明明",1000},
17          {"李爽",1200},{"王峰",1100},{"范石",1500},
18          {"陆蛙师",1500}                   // 定义结构体并初始化员工数据
19      };
20      sort(a,a+10,cmp);
21      for(int i = 0; i<10; i++) {
22          cout<<a[i].name << " "<<a[i].bonus<<endl;
23      }
24  }
```

◆ 测试程序

运行程序，
排序的输出结果
如下图：

```
王五    1900
王刚    1700
范石    1500
陆蛙师  1500
赵四    1300
李明    1200
李爽    1200
王峰    1100
邓明明  1000
范丞    900

--------------------------------
Process exited after 0.03533 seconds with return value 0
请按任意键继续. . .
```

易犯错误

第5行，定义结构体后，应该将结构体内变量类型确定，比如奖金类型包含小数部分，应该是实型变量。

第9行，自定义排序规则函数，此处定义为奖金的降序排序，在对奖金额进行排序时，按照定义好的奖金降序进行排列，若不定义奖金的排序规则，那么计算机无法判断排序的操作流程。

••• 智慧钥匙

1. 结构体排序实现过程

结构体排序的实现过程可以分为以下三步：

第1步，定义结构体，结构体包含姓名变量和奖金变量；

第2步，定义交换规则，自定义奖金比较函数；

第3步，调用sort函数。

实现流程示意图如下：

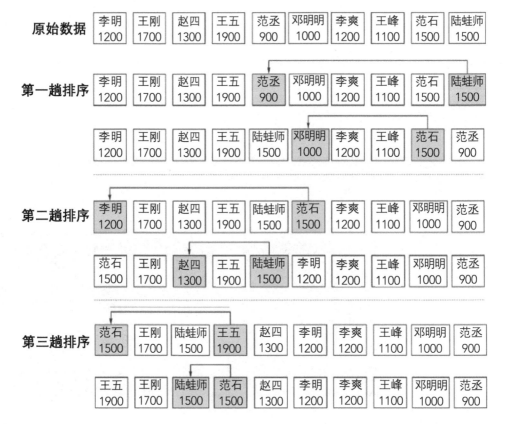

第四趟排序	王五 1900	王刚 1700	范石 1500	陆蛙师 1500	赵四 1300	李明 1200	李爽 1200	王峰 1100	邓明明 1000	范丞 900
最终数据	王五 1900	王刚 1700	范石 1500	陆蛙师 1500	赵四 1300	李明 1200	李爽 1200	王峰 1100	邓明明 1000	范丞 900

排序完成的数据 　　　　　原始数据

被操作的数据

在排序中可以看到，algorithm中的sort（）函数排序使用的是快速排序。在每一次对金额进行排序时，我们会使用自定义的函数对每个员工的金额进行降序排序。

2. 结构体排序的应用

结构是C/C++ 编程中另一种用户自定义的可用的数据类型，用于表示一条记录，在变量中可以存放一组数据（如一个学生的学号、姓名、成绩等数据），它允许存储不同类型的数据项。在实际应用中，我们需要规范的数据时都需要用结构体在计算机中表示数据的从属关系。

●●● 挑战空间

1. 试一试

下面有10种不同纲目的生物，请你按照程序给出的排序规则输出运行的结果。

```
1   #include<iostream>
2   #include<string>
3   using namespace std;
4   struct Animal {        // 定义动物结构体
5       string name;       // 定义动物名称变量
6       bool operator < (const Animal& p) const {
7           return name > p.name ;                    // 名称的降序排序
8       }
9   };
10  int main() {
11      Animal a[10] = {
12              {"狗"},{"猫"},{"兔"},
13              {"牛"},{"马"},{"鸡"},
14              {"虎"},{"蛇"},{"鹅"},
15              {"狮"}              // 定义10种不同动物的结构体变量并初始化
16          };
17          sort(a,a+10);
18          for(int i = 0; i<10; i++) {  // 打印排序好的动物名称
19              cout<<a[i].name << " ";
20          }
21  }
```

输出：_____

2. 一起来找茬

以下程序中的结构体用来记录人物信息，并对人物按照性别先男后女、年龄从小到大的顺序输出。但是下面的程序中有几个小错误，你能找到程序中标记处的错误并改正吗？

```
1    #include<iostream>
2    #include<string>
3    #include <algorithm>
4    using namespace std;
5    struct Staff {
6        string name;
7        string sex;
8        int age;
9        bool operator < (const Staff& p) const {
10            return age > p.age ;              ────────────►  ❶
11        }
12    };
13    bool cmp(const Staff& s1, const Staff& s2) {
14        return s1.sex > s2.sex ;              ────────────►  ❷
15    }
16
17    int main() {
18        Staff a[10] = {
19            {"李明","男",12},{"王刚","男",17},{"赵四","男",13},
20            {"王菲","女",19},{"范丞","女",9},{"邓明明","女",10},
21            {"李爽","男",12},{"王峰","男",11},{"范石","男",15},
22            {"陆瑶瑶","女",15}
23        };
24        sort(a,a+10);
25        sort(a,a+10,cmp);
26        for(int i = 0; i<10; i++) {
27            cout<<a[i].name << " "<<a[i].age<<a[i].sex <<endl;
28        }
29    }
```

错误1：_____

错误2：_____

3. 编写程序

森林公园里面有很多不同种类的树木，森林调查员小芳准备对4棵松树、2棵白杨树和4棵香樟树进行信息记录。这10棵树的高度分别为19m、13m、12m、21m、5m、6m、8m、13m、21m、15m。请你按照树的高度进行降序排序，高度相同的按照树木名称进行升序排序。

第5单元

规划分析 好中选优
——贪心算法

　　什么是贪心算法呢？何为贪心呢？贪心算法是指在对某一个问题进行求解时，并不是从整体的角度去考虑问题，而是一步一步地去解决问题并在每一步做出最好的选择，从而还原问题，通过局部的最优化选择来产生全局最优解。"贪心"便体现在在每一步做出最优的选择，抛弃没有价值的选项。

　　贪心算法在生活中随处可见。假设有一个问题比较复杂，暂时找不到全局最优解，那么我们将这个问题分解成独立的子问题，在每个子问题中，选择最优的策略去解决它，而不考虑总体，最后再把所有分解的子问题还原成原问题，这样就形成了"贪心"。

　　本单元学习贪心算法中的价值、不相交选择、区间选点三个经典问题来了解贪心算法中的策略分析和应用。

本单元内容

```
                    价值问题 ────── 支付零钱

贪心算法 ──────  不相交选择问题 ────── 礼堂借用

                    区间选点问题 ────── 绿化种树
```

第14课
支付零钱
——价值问题

打印店老板需要采购一批打印材料，采购后需要支付的商品价格为416元，老板身上有面值为1元、5元、10元、20元、50元、100元的纸币若干张，如何支付才能使得纸币的数量最少并且与商品价格相同？请你通过C++语言编程输出支付最少纸币的数量和所包含面值的张数。

1，5，10，20，50，100

总价格 416

100+100+…+1？
要怎么样才能支付呢？

● ● ● ● 准备空间

🔷 理解题意

给出支付商品的价格，使用最少数量的纸币，达到同等金额同时输出纸币的张数和包括的纸币面值。例如支付商品的价格为11元，最少需要2张纸币，2张纸币面值分别是10元和1元，如果按照题目中支付商品的价格为416元的话，最少需要多少张纸币？纸币面值分别为多少呢？

🔷 问题思考

"贪心算法"也叫"贪婪算法"，题中你能想到每一步的最优选择是什么吗？怎样选择才一定是对的呢？请先思考如下问题。你还能提出怎样的问题？填在方框中。

该怎么合理选择纸币面值呢？

纸币面值是选择大的还是小的呢？

我的思考

探秘指南

学习资源

1. namespace（名字空间/命名空间）

所谓namespace，是指标识符的各种可见范围。当在程序中没有定义 "using namespace std;" 时，要想用输入输出的语句必须使用以下格式：

```
#include<iostream>                    // 引入 iostream 库
int main(){
    std::cout<<"Test"<<std::endl;  // 完整域调用方法
}
```

最方便的方法是使用 "using namespace std;"，这样命名空间std内定义的所有标识符都有效，就好像它们被声明为全局变量一样，如下图。

```
#include<iostream>              // 引入 iostream 库
using namespace std;           // 定义 namespace std
int main(){
    cout<<"Test"<<endl;
}                              // 直接进行调用
```

2. vector用法

vector是一个封装了动态（大小）数组的顺序容器，能够存放各种类型的对象。可以简单地认为，向量是一个能够存放任意类型的动态数组。基本用法如下：

```
#include<iostream>          // 引入 iostream 库
#include<vector>            // 引入 vector 库
using namespace std;
int main(){
    vector<int> obj;        // 声明使用 vector
}
```

3. vector容器中常用方法

名称	作用
push_back	在数组的最后添加一个数据
at	得到编号位置的数据
size	当前使用数据的大小

● 规划设计

通过上述分析可知，本题属于贪心算法中的价值问题，题目中程序的实现由2个函数模块构成，分别是主函数和change（ ）函数，其具体的功能实现如下图所示。

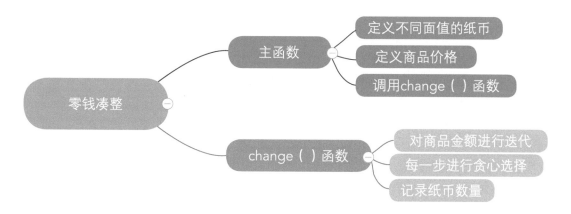

● 制定流程

具体运行程序的流程图示意如下。

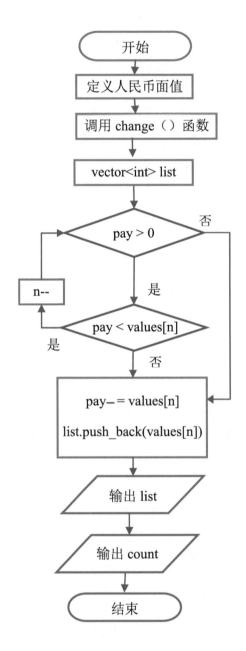

探究实践

编程实现

第14课 支付零钱.cpp

```cpp
1   #include<iostream>
2   #include<vector>                                    // 引入 vector
3   using namespace std;
4   int change(int values[], int pay,int n,vector<int>& list){
5       int count = 0;                                  // count 用于记录纸币数量
6       while(pay > 0){
7           if(pay < values[n]) n--;   // 金额小于当前面值，用更小面值
8           else{
9               pay -= values[n];
10              list.push_back(values[n]);  // 金额大于当前面值,使用该纸币
11              count++;
12          }
13      }
14      return count;
15  }
16  int main(){
17      int values[] = {1,5,10,20,50,100};   // 定义面值
18      int pay = 416;                       // 定义支付价格
19      vector<int> list;
20      int n = sizeof(values)/sizeof(values[0]) - 1;
21      cout<<"支付纸币数量为: "<<change(values,pay,n,list)<<e
22      cout<<"分别为: ";
23      for(int i = 0;i<list.size();i++){    // 输出纸币面值
24          cout<<list.at(i) <<"   " ;
25      }
26  }
```

测试程序

运行程序，输出结果如下图：

```
支付纸币数量为: 7
分别为: 100  100  100  100  10  5  1
-------------------------------
Process exited after 0.02552 seconds with return value 0
请按任意键继续. . . _
```

易犯错误

第9行，此处不能丢失，计算支付金额必须减去相应的面值金额，否则金

额不会改变，程序也丢失终止条件。例如当贪心条件成立的时候，记录的count值加一，但是支付金额pay并没有发生改变，会造成死循环。

第20行，在计算金额面值数量的时候，我们计算出的是数组大小，但在程序中我们使用的是下标，因此需要进行减一操作，否则会造成数组下标的溢出。

●●● 智慧钥匙

1. 贪心策略分析

所谓贪心算法，是指在对问题求解时，总是做出在当前看来是最好的选择。在本题目中，我们应先选择面值最大的纸币100元，为什么这样选择是最佳的呢？因为在1元、2元、5元、10元、20元、50元、100元的纸币面值中，一张100元面值的纸币，等于2张50元和5张20元面值的纸币，面值越少数量就越多，从纸币数量上要考虑最少，我们就选择大面值的纸币。

2. 贪心算法基本步骤

步骤1：从某个初始解出发；

步骤2：采用迭代的过程，当可以向目标前进一步时，就根据局部最优策略得到一部分解，缩小问题规模；

步骤3：将所有解综合起来。

本题中，商品价格为416元，这便是问题的根源，因此从416元开始计算应当消耗多少纸币。在计算前声明vector容器记录需要使用的面值，并且在迭代的过程中根据指定的贪心策略来实现金额的缩减和纸币数量的计数，并记录下当前使用的纸币，最终在迭代完成时输出使用的纸币组合和纸币数量。

●●● 挑战空间

1. 试一试

观察下面程序，写出运行结果，并上机验证。

```
1   #include<iostream>
2   #include<vector>
3   using namespace std;
4   int change(int values[], int pay,int n, vector<int>& list){
5       int count = 0;                    // count 记录纸币使用数
6       while(pay > 0){
7           if(pay < values[n]) n--;
8           else{
9               pay -= values[n];         // 金额大于当前面值，使用该纸
10              count++;
11              list.push_back(values[n]);// 将当前使用的面值加入到
12          }                                list
13      }
14      return count;
15  }
16  int main(){
17      int values[] = {1,20,50,100};     // 定义面值
18      int pay = 97;                     // 定义金额
19      vector<int> list;
20      int n = sizeof(values)/sizeof(values[0]) - 1;
21      cout<<"支付纸币数量为: "<<change(values,pay,n,list)<<endl;
22      cout<<"分别为: ";
23      for(int i = 0;i<list.size();i++){
24          cout<<list.at(i) <<"  " ;      // 输出使用的纸币
25      }
26  }
```

输出：_____

2. 一起来找茬

以下程序用来输出纸币数量和包含的面值，但是程序中有两处错误，根据运行的结果，你能将错误之处进行修改吗？

```
1   #include<iostream>
2   #include<vector>
3   using namespace std;
4   int change(int values[], int pay,int n,vector<int>& list){
5       int count = 0;
6       while(pay > 0){
7           if(pay > values[n]) n--;                          ——→ ❶
8           else{
9               pay += values[n];                             ——→ ❷
10              count++;
11              list.push_back(values[n]);
12          }
13      }
14      return count;
15  }
16  int main(){
17      int values[] = {1,5,10,20,50,100};
18      int pay = 416;
19      vector<int> list;
20      int n = sizeof(values)/sizeof(values[0]) - 1;
21      cout<<"支付纸币数量为: "<<change(values,pay,n,list)<<endl;
22      cout<<"分别为: ";
23      for(int i = 0;i<list.size();i++){
24          cout<<list.at(i) <<"   " ;
25      }
26  }
```

错误1：_____

错误2：_____

3. 编写程序

假设你开了间小店，暂时不能实现电子支付，钱柜里只有20元、10元、5元和1元四种纸币若干张，如果你要找给客户41元的纸币，如何通过编程输出正确的找还费用和包括面值情况，并且要满足纸币数量最少。

礼堂借用
——不相交选择问题

学校里有一座小礼堂，每天都会举办许多大型的活动，但是有些时候活动的计划时间会发生冲突，只能选择某一些活动举办，你的工作就是安排学校小礼堂的活动，每个时间段最多安排一个活动。现在你的手中有一活动表，请你想办法尽量安排多的活动，并且时间不冲突，如何通过编程安排呢？

活动名称	开始时间	结束时间
活动一	9时	12时
活动二	11时	13时
活动三	14时	17时
活动四	14时	15时
活动五	16时	17时

需要注意的是如果上一个活动的结束时间是 t 时的话，那么下一场活动的开始时间应该在 $t+1$ 时，显然上面表格中的活动安排时间发生了冲突。

要安排最多的活动，
并且时间不冲突，
如何安排活动是最优呢？

对于时间冲突的活动，
要怎么安排呢？

●●● 准备空间

◆ 理解题意

给出5个活动的开始时间和结束时间，需要排出小礼堂活动安排表，活动时间不能冲突，比如活动一的时间范围在9时～12时，这个时间内活动二就不能安排，如果选择了活动一，那么下一个活动的安排时间应该在13时之后。

◆ 问题思考

　　按照贪心算法的思想，在本题中你能想到安排活动的决策是什么吗？怎样选择才能使安排的活动数量达到最多呢？请先思考如下问题。你还能提出怎样的问题？填在方框中。

选择活动计划时间长还是短的呢？

活动时间冲突应该如何解决？

我的思考

探秘指南

◆ 学习资源

1. C++ 语言sort（ ）函数用法

◆ sort（ ）函数的格式

> sort (起始地址，结束地址，排序方法)

◆ 代码示意如下：

```cpp
#include<algorithm> //引入algorithm库
using namespace std;
int main(){
    int a[5] = {4,2,3,5,1};
    sort(a,a+5); //传入起始地址和结束地址
}
```

在sort（）中，第3个参数"排序方法"可以不写，默认的排序方法是从小到大排序，也可以自定义一个排序函数作为参数。

◆ **带排序方法的代码示意如下：**

```
#include<algorithm>
using namespace std;
bool cmp(int &a,int &b){
    return a>b;        //自定义的排序函数
}
int main(){
    int a[5] = {4,2,3,5,1};
    sort(a,a+5,cmp);   //再传入一个排序函数
}
```

2. 结构体数组

一个结构体变量中可以存放一组数据（如一个活动的编号、开始时间、结束时间等数据）。如果有10个活动的数据需要参加运算，显然应该用数组，这就是结构体数组。结构体数组与以前介绍过的基本数据类型数组(int、char等)不同之处在于，每个数组元素都是一个结构体类型的数据，它们分别包括各个变量项。

◆ **定义结构体代码示意如下：**

```
struct Activity{        // 定义的结构体
    int number;
    int startTime;
    int endTime;
};
```

◆ **结构体数组的声明方式如下：**

```
int main(){  // 声明一个存放 5 个结构体的数组
    Activity act[5];
}
```

规划设计

本题属于贪心算法中一个经典的不相交选择问题，题目中程序的实现由3个模块构成，分别是主函数、cmp（）函数和Activity结构体部分，其具体的功能结构实现如下图所示。

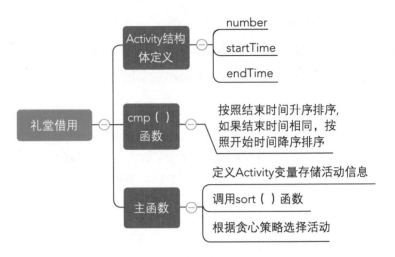

制定流程

具体运行程序的流程图示意如下。

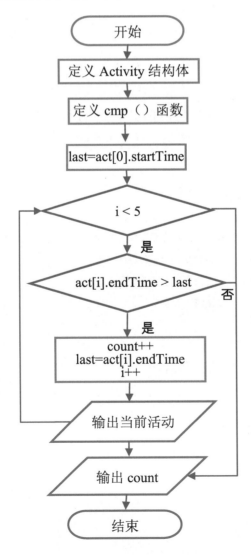

探究实践

编程实现

第 15 课 礼堂借用.cpp

```cpp
1  #include<iostream>
2  #include<algorithm>   // 引入 algorithm
3  using namespace std;
4  struct Activity{       // 定义结构体
5      int number;
6      int startTime;
7      int endTime;
8  };
9  bool cmp(Activity &a1, Activity &a2) {   // 自定义比较函数
10     if(a1.endTime == a2.endTime) return a1.startTime > a2.startTime;
11     return a1.endTime < a2.endTime;
12 }
13 int main() {
14     Activity act[5] = {{1,9,12},{2,11,13},{3,14,17},{4,14,15},{5,16,17}};
15     sort(act,act + 5, cmp);          // 调用 sort 函数
16     int count = 1,last = act[0].endTime;
17     cout<<"活动安排为: "<<act[0].number <<"号 ";
18     for(int i = 0; i < 5; ++i) {
19         if(act[i].startTime >= last) {   // 开始时间大于上一个活动的结束时间
20             cout<<act[i].number<<"号 ";   // 输出活动编号
21             ++count;
22             last = act[i].endTime;        // 更新结束时间
23         }
24     }
25     cout<<"活动总数为: "<<count<<endl;
26 }
```

测试程序

运行程序，输出结果如下图：

```
活动安排为: 1号 4号 5号 活动总数为: 3

--------------------------------
Process exited after 0.03204 seconds with return value 0
请按任意键继续. . .
```

易犯错误

第15行，在sort（）函数中，起始地址和结束地址都应该明确地作为参数传入到函数中，如果起始地址和结束地址没有正确传入，那么排序的范围就会产生错误，比如在15行的结束地址上传入a+3，那么程序只会对前三个活动进行排序。

第19行，这里应该使用当前活动的开始时间与上一个活动的结束时间比较，因为贪心策略是先对活动的开始和结束时间进行排序，要安排活动一定是开始时间在结束时间之后的活动才能够被安排上。

智慧钥匙

1. 不相交问题（礼堂借用）分析

对于本题来说，要求尽可能多地安排活动，也就是说活动是最早开始并且时间持续较短的，所以对于最优解集合的解释就是"对于每一个活动而言，后面的那个活动就是离它最近而且计划时间最短的"，满足总体问题最优解就是尽可能多地选择活动。我们可以按照以下方法来选择：

（1）每次选择持续时间最短的安排；

（2）每次选择开始时间最早的安排；

（3）每次选择开始时间最早的并且持续时间最短的安排。

2. 贪心决策

（1）用结构体记录每个会议的开始时间、结束时间和会议的编号，便于后面进行记录。

（2）对会议进行排序，先按结束时间从小到大排序，如果结束时间相同，就按开始时间从大到小排序。

（3）每次都选择结束时间最早且互不冲突的会议，并记录其编号和选择的会议数。

那么我们是按照哪一种决策规则来进行排序呢？答案很明显，仅仅按照开始时间肯定是不靠谱的。因为仅通过开始时间进行排序，并不能对整个活动持续时间进行控制，并没有减少对于数据的判定过程，反而可能会加大难度，所以按照开始时间和结束时间两个因素进行排序，排序的规则很明显，先按结束时间从小到大排序，如果结束时间相同，就按开始时间从大到小排序。

●●● 挑战空间

1. 试一试

观察下面程序，写出运行结果，并上机验证。

```
1  #include<iostream>
2  #include<algorithm>    // 定义结构体
3  using namespace std;
4  struct Activity{
5      int number;
6      int startTime;
7      int endTime;
8  };
9  bool cmp(Activity &a1, Activity &a2) { // 自定义比较函数 cmp
10     if(a1.endTime == a2.endTime) return a1.startTime > a2.startTime;
11     return a1.endTime < a2.endTime;
12  }
13  int main() {
14     Activity act[5] = {{1,8,12},{2,9,11},{3,12,13},{4,14,18},{5,16,17}};
15     sort(act,act + 5, cmp);              // 调用sort( )函数
16     int count = 1,last = act[0].endTime;
17     cout<<"活动安排为: "<<act[0].number <<"号 ";
18     for(int i = 0; i < 5; ++i) {
19         if(act[i].startTime >= last) {   // 大于上一个的结束时间
20             cout<<act[i].number<<"号 ";
21             ++count;
22             last = act[i].endTime;       // 更新结束时间
23         }
24     }
25     cout<<"活动总数为: "<<count<<endl;
26  }
```

输出：_____

2. 一起来找茬

以下程序用来输出当天的活动安排顺序和活动总数量，但是程序中有两处错误，根据运行的结果，你能将错误之处进行修改吗?

```
1   #include<iostream>
2   #include<algorithm>
3   using namespace std;
4   struct Activity {
5       int number;
6       int startTime;
7       int endTime;
8   };
9   bool cmp(Activity &a1, Activity &a2) {
10      if(a1.endTime == a2.endTime) return a1.startTime > a2.startTime;
11      return a1.endTime < a2.endTime;
12  }
13  int main() {
14      Activity meets[5] = {{1,9,12},{2,11,13},{3,14,17},{4,14,15},{5,16,17}};
15      sort(meets,meets, cmp);                                    ❶
16      int count = 1,last = meets[0].endTime;
17      for(int i = 0; i < 5; ++i) {
18          if(meets[i].startTime < last) {                        ❷
19              cout<<meets[i].number<<"号 ";
20              ++count;
21              last = meets[i].endTime;
22          }
23      }
24      cout<<"活动总数为: "<<count<<endl;
25  }
```

错误1：_____

错误2：_____

3. 编写程序

假设你在当地某个机构当秘书，管理机构会议室，现在领导给你5个会议议程，时间计划分别是9时—11时、12时—14时、13时—14时、13时—16时、15时—17时，请你想办法在有限的时间内将会议安排得更加充分，你该如何安排呢？输出当天会议信息和总数。

绿化种树
——区间选点问题

学校后山有一条小道，总长有20m，这条小道上有7张凳子，分别在位置2m、4m、8m、10m、14m、16m、18m处；为了小道上的绿化和美观，准备在凳子所在的位置种树，每棵树前后能覆盖到的范围为6m（前后各3m），要求种植最少数量的树来完成任务，如何通过C++语言编程实现呢？

每一张凳子都需要单独的一棵树吗？

凳子相隔距离近的能不能被一棵树覆盖到呢？

●●●● 准备空间

◆ 理解题意

给定一条20m长的小道，分别给出7张凳子的位置，在凳子周围种上树，使树能够覆盖凳子，并要求树的数量最少。例如在2m、4m的凳子之间种一棵树，使得两张凳子都被覆盖到，但是只种了一棵树，这样就可以用最少数量的树来完成任务。

◆ 问题思考

按照贪心算法的思想，在本题中树的种植范围应该如何选择呢？怎样选择才能使得树的覆盖数目达到最多呢？请先思考如下问题。你还能提出怎样的问题？填在方框中。

每棵树有最大覆盖范围吗？

相邻的两张凳子是否具有重合性呢？

我的思考

探秘指南

学习资源

1. 区间选点问题

什么是区间选点问题？假设有一个封闭区间[a，b]被划分成了若干个子区间，在若干个子区间中选择一个点，使得每个子区间内都包含一个点（不同的区间内含的点可能是同一个）。

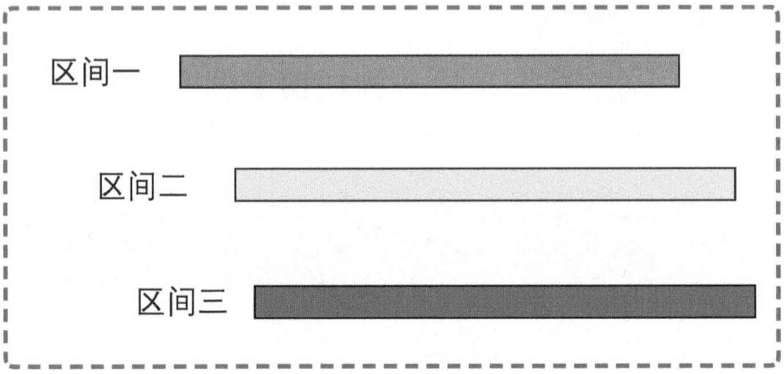

区间一

区间二

区间三

2. sizeof()函数

sizeof（）函数通常用来获取某个数据类型所占用空间的字节数，在数组中使用时，会计算数组所占的字节数总大小。

◆ 使用方法如下

```
int main(){
    int b = 1; // 定义int变量
    cout<<sizeof(b);
}
```

◆ 输出结果为:

```
4
------------------------------
Process exited after 0.02475 seconds with return value 0
请按任意键继续. . .
```

◆ 基本类型数组如下:

```cpp
int main(){   // 声明一个大小为5的int数组
    int a[5] = {4,2,3,5,1};
    int v = sizeof(a)/sizeof(a[0]);
    cout<<v;
}
```

◆ 输出结果为:

```
5
------------------------------
Process exited after 0.0238 seconds with return value 0
请按任意键继续. . .
```

规划设计

本题属于贪心算法中的区间选点问题，题目中程序的实现由2个模块构成，分别是主函数、chosePoint（）函数，其具体的功能结构实现如下图所示。

制定流程

具体运行程序的流程图示意如下。

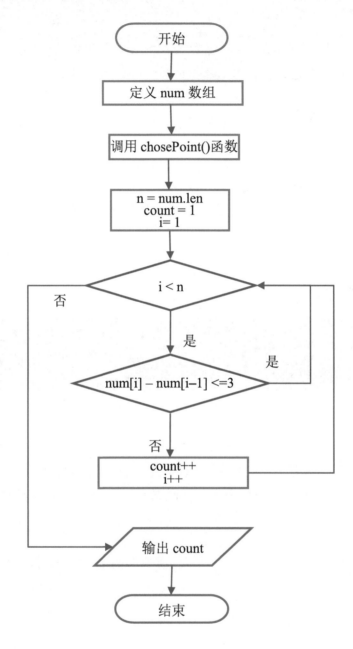

●●● 探究实践

● 编程实现

第16课 绿化种树.cpp   − □ ✕

```cpp
1  #include<iostream>
2  #include<algorithm> // 引入 algorithm
3  using namespace std;
4  int chosePoint(int a[],int n){
5      sort(a,a+n);                    // 对数组进行排序
6      int count = 1;
7      for(int i = 1;i < n;i++){        // 贪心策略
8          if((a[i] - a[i-1] <= 3)){
9              continue;
10         }else{
11             count++;
12         }
13     }
14     cout<<"最少树的数量为: "<<count<<endl;
15 }
16 int tree = 3;                        // 定义树的覆盖范围
17 int main(){
18     int num[] = {2,4,8,10,14,16,18}; // 定义凳子位置
19     chosePoint(num,sizeof(num)/sizeof(num[0]));
20 }
```

● 测试程序

运行程序，输出结果如下图：

```
最少树的数量为: 3

-------------------------------
Process exited after 0.02201 seconds with return value 0
请按任意键继续. . .
```

易犯错误

第6行，首先记录的值应该从1开始，因为最开始是使用了第一张凳子位置进行比较，此处应该至少会有一棵树覆盖，如果从0开始计数，在凳子间隔少的位置会出现丢失树的问题。

第8行，这里应该使用下一张凳子的位置与前一张凳子的位置比较，如果小于等于3，那么这两张凳子只需要一棵树即可，如果此处写成了大于等于3，那么会使每张凳子处都有一棵树，导致树滥用问题。

智慧钥匙

1. 区间选点（绿化种树）分析

从题中我们知道一棵树的一方范围是3m，那么一棵树前后能够覆盖到的总范围则是6m，所以当两张凳子之间相差距离小于或等于3m时就能够共用一棵树，这样可解决多次使用树的问题。同时区间选点绿化种树还要考虑的问题如下：

① 凳子位置乱序的情况；

② 三张凳子都能共用一棵树；

③ 第一次选择凳子的位置。

2. 贪心决策

当我们每一步选择树的时候，都考虑到右端凳子的位置，这样才保证了树选择的覆盖范围是最广的，也就是使用的树是最少的。那么在题中一棵树能够覆盖到3张凳子的情况呢？比如有三张凳子的位置是8m、10m、12m，那么树在9～11m的范围内都能够覆盖到，同样也是考虑后一张凳子和前一张凳子的位置能同时满足树的覆盖范围，那么就满足了我们的贪心决策。

挑战空间

1. 试一试

观察下面程序，写出运行结果，并上机验证。

```cpp
#include<iostream>
#include<algorithm>
using namespace std;
int chosePoint(int a[],int n){
    sort(a,a+n);                    // 对数组进行排序
    int count = 1;
    for(int i = 1;i < n;i++){
        if((a[i] - a[i-1] <= 3)){
            continue;
        }else{
            count++;                // 记录树的数量
        }
    }
    cout<<"最少树的数量为: "<<count<<endl;
}
int tree = 3;                       // 树的覆盖范围
int main(){
    int num[] = {2,4,5,12,14,16,18};
    chosePoint(num,sizeof(num)/sizeof(num[0]));
}
```

输出：_____

2. 一起来找茬

以下程序用来输出需要树的总数量，但是程序中有两处错误，根据运行的结果，你能将错误之处进行修改吗？

```cpp
#include<iostream>
#include<algorithm>
using namespace std;
int chosePoint(int a[],int n){
    sort(a,a);                                    ➊
    int count = 1;
    for(int i = 1;i < n;i++){
        if((a[i] - a[i-1] <= 3)){
            break;                                ➋
        }else{
            count++;
        }
    }
    cout<<"最少树的数量为: "<<count<<endl;
}
int tree = 3;
int main(){
    int num[] = {2,4,8,10,14,16,18};
    chosePoint(num,sizeof(num)/sizeof(num[0]));
}
```

错误1: _____

错误2: _____

3. 编写程序

有一个区间[0，10] 被分成了5个闭区间：[1，3]、[2，5]、[4，7]、[8，9]、[9，10]。每个区间内都需要打上一个原点，一个原点可以被多个区间使用，请你写出程序，计算出最少需要多少个原点。

观看·教学视频
下载·配套素材

第6单元

化繁就简　分而治之
——分治算法

　　所谓分治，是指的分而治之。当我们求解某些问题时，可能会遇到要处理的数据相当多的问题，这些问题求解过程会相当复杂，直接求解耗时较长。对于这类问题，我们可以把它们分解成同类子问题，然后再分，直到可以求出解为止，这就是分治算法的基本思想。

　　其实分治思想的应用相当广泛，小到归并排序，大到国家治理。而计算机程序中，要求程序是有限的，所以程序中的递归算法是将问题逐步分解成与自身类似的子问题，直到问题足够小，能够求解，这个过程需要用函数自调用实现。本单元将以二分法和三分法为例讨论一些简单的分治算法。

本单元内容

第 17 课

查找卡牌
——二分查找

受"猜数字"游戏的启发，明明开发了一款新的游戏，有一组有序的数字卡片，卡片数字面朝下，然后明明给出一个数字，需要玩家快速判断出这个数字是否在已有的数字卡片中。游戏规则：玩家每次只能翻开一张牌查看，翻看牌次数最少的玩家获胜。若你是玩家，应如何翻牌，请编写程序模拟翻牌过程。

•••• 准备空间

⬢ 理解题意

在一组有序的数字序列中，查找一个指定数字是否存在，若存在输出数字所在的位置，若不存在则输出"不存在"。

⬢ 问题思考

在完成这个项目的过程中，需要先思考如何保证每次都以最快速度检测是否存在。请先思考如下问题。你还能提出怎样的问题？填在方框中。

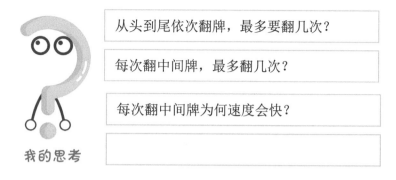

从头到尾依次翻牌，最多要翻几次？

每次翻中间牌，最多翻几次？

每次翻中间牌为何速度会快？

我的思考

●●● 探秘指南

◆ 学习资源

1. 二分查找

二分查找是每次查找中间位置的数据，判断中间数字跟目标数字的关系，可以决策出下一步查找的范围，把另一半排除，这样大大缩短了查找的时间。如下图，红色为待查询的目标，其查找过程示意如下。

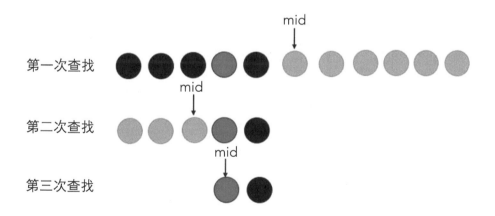

2. 二分的递归实现

二分法的算法实现，实际上是由递归函数实现的，每次缩小规模处理的是同类问题，递归调用函数自身，其中关键代码示意如下：

```
int erfen(int l,int r)
{
    if(l>r) return;
    int mid=(l+r)/2;
    if(check(mid)找到目标) return mid;
    else  if(check(mid)比目标小) erfen(mid+1,r);
          else erfen(l,mid-1) ;
}
```

规划设计

通过对题目的分析之后，我们初步知道了完成该项目需要分两个部分完成，其整体的规划设计如下。

制定流程

主函数的程序流程图示意如下。

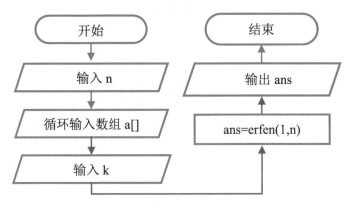

递归函数erfen()的程序流程图示意如下。

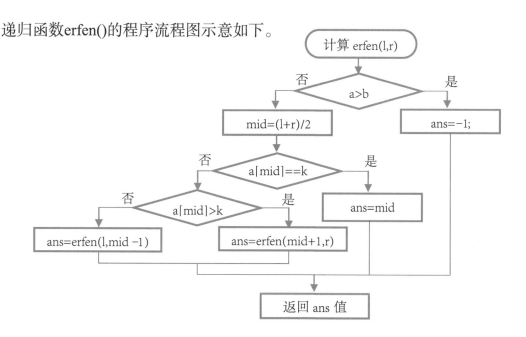

探究实践

编程实现

第 17 课 查找卡牌.cpp

```cpp
1   #include<iostream>
2   using namespace std;
3   int k,a[105];
4   int erfen(int l,int r)        // 二分法函数
5   {
6       if(l>r) return -1;        // 判断边界
7       int mid;
8       mid=(l+r)/2;              // 计算中间值
9       if(a[mid]==k) return mid; // 找到答案, 直接返回
10      else if(a[mid]>k) erfen(l,mid-1);
11          else erfen(mid+1,r);
12  }
13  int main()
14  {
15      int n,ans;
16      cin>>n;
17      for(int i=1;i<=n;i++)
18          cin>>a[i];
19      cin>>k;
20      ans=erfen(1,n);
21      if(ans==-1) cout<<"未找到";
22      else cout<<"在序列中第"<<ans<<"位";
23      return 0;
24  }
```

● **测试程序**

运行程序，先输入*n*个数字，再输入带查找的数字，计算结果如下图：

```
7
23 45 67 89 103 305 1000
103
在序列中第5位
```

● **易犯错误**

本程序最容易犯的错误均在二分函数当中，如何判断边界、如何根据判断结果进入下一轮递归等都容易出现错误。如程序中第6行l>r，意为当左端点大于右端点时才可以结束程序，说明待查找序列已为空，不能包含等于号。

●●●● 智慧钥匙

1. 二分法的时间复杂度

本题的数据规模为*n*，若采用穷举算法，程序最坏的情况下需要运算*n*次，记为穷举算法解决本题的时间复杂度为$O(n)$，而若用二分法解决该问题，程序最坏的情况下要运算$\log_2 n$次，记为时间复杂度为$O(\log n)$。所以用二分法计算的速度非常快。

2. 二分法算法思路

二分法，也被称为折半查找法。使用二分法一个重要的前提是：待查找的序列需是有序的。所以二分法是一种适用于在有序数组中查找特定元素的搜索算法。其主要思路描述如下：

（1）首先，从数组的中间元素开始搜索，如果该元素正好是目标元素，则搜索过程结束，否则执行下一步。

（2）如果目标元素不是中间元素，则根据关系选择大于或者小于中间元素的那一半区域查找，然后重复步骤（1）的操作。

（3）如果某一步数组为空，则表示找不到目标元素。

● ● ● 挑战空间

1. 试一试

观察下面程序，写出运行结果，并上机验证。

```
1   #include<iostream>
2   using namespace std;
3   int n,tot;
4   int erfen(int l,int r)
5   {
6       tot++;
7       if((l+r)/2==n)return tot;
8       else if((l+r)/2>n) erfen(l,(l+r)/2-1);
9           else erfen((l+r)/2+1,r);
10  }
11  int main()
12  {
13      cin>>n;
14      cout<<erfen(1,100);
15      return 0;
16  }
```

输入：25

输出：_____

2. 一起来找茬

下面程序实现从一组有序序列中找出第一个不小于0的数字的位置。代码中有两处错误，请思考后改正，并上机验证（序列中数据的范围在−1000 ~ 1000）。

```
1   #include<iostream>
2   using namespace std;
3   int n,a[100],mid,ans=-1;
4   int erfen(int l,int r)
5   {
6       if(l<r)return -1;              ──────── ❶
7       mid=(l+r)/2;
8       if(a[mid]<=0&&a[mid+1]>0)
9           return mid;               ──────── ❷
10      else if(a[mid]>0) erfen(l,mid-1);
11          else erfen(mid+1,r);
12  }
13  int main()
14  {
15      cin>>n;
16      for(int i=1;i<=n;i++)
17          cin>>a[i];
18      cout<<erfen(1,n);
19      return 0;
20  }
```

错误1：_____

错误2：_____

3. 编写程序

有一组有序的数据，其排列方式是由大到小的顺序，现在需要新增加一个数字，为保证序列的大小顺序不变，该数字应该插在序列的第几个位置上，请用二分法完成。

输入数据：

8

78 67 66 56 43 34 23 2

55

输出数据

5

第18课

废物利用
——二分答案

为了响应国家"节能环保，废物利用"的号召，进行废物再利用。明明需要一些长度相同的绳子，眼下在废弃的材料中有很多长短不一的绳子，在满足明明需求的前提下，如何利用这些绳子使明明得到的绳子长度最长？

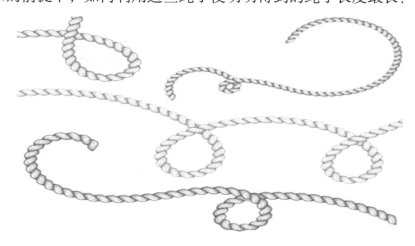

●●●● 准备空间

◆ 理解题意

假设明明需要m条绳子，废料中有n条绳子，将它们的长度依次输入数组中，需要从这n条绳子中剪出m条长度相等的绳子，如何剪能使这m条绳子长度最大呢？求出最大长度，结果保留整数部分。

◆ 问题思考

如何从n条长度不等的绳子中剪出几根长度相等的绳子，保证剪出的长度最长呢？首先要明确并不是以最短的绳子为答案，例如共有三条绳子，长度分别为2、3、9，若只需要两条绳子，则可以剪出最长长度为4。所以解决该问题，请先思考如下问题。若有其他问题，填入方框中。

为何不是以最短的绳子长度为答案？
极端情况下剪出绳子的最小长度是多少？
极端情况下剪出绳子的最长长度是多少？
如何快速判断，指定长度是否满足要求？

我的思考

探秘指南

学习资源

1. 二分答案

二分答案与二分法类似，即对有着单调性的答案区间进行二分，大多数情况下用于求解满足某种条件下的最大或者最小值，如本项目中是求满足数量条件下的长度最大值，可以用二分答案解决，答案区间为极端情况下的最小值到极端情况下的最大值。每次检测区间中间值是否满足条件，以缩短区间，直到左右区间点的差值缩减至精度要求范围内，输出答案。其过程示意如下：

2. 二分答案的模板

二分答案的具体代码编写细节较多，因题而异，但是大体思路类似，先确定答案的可能区间，用二分思想逐步检测缩小可行区间。程序框架如下。

```
int   erfen ( )                        // 二分答案
{
    Int   l = 1, r = maxn, ans = 0;  // l为答案可能的最小值, r 为答案可能的最大值
    while(l <= r)
      {  int mid = (l + r) /2;
         if(check(mid))              // 检测 mid, 如果可行记录 ans
             ans = mid,
             l = mid + 1;            // 缩小规模, 继续查寻是否有更优值
         else   r = mid - 1;         // 否则直接缩小规模
      }
    return ans;
}
```

规划设计

按照二分答案算法思路，程序实现由3个函数模块构成，分别是主函数、二分函数和检测函数，其具体的功能实现如下图所示。

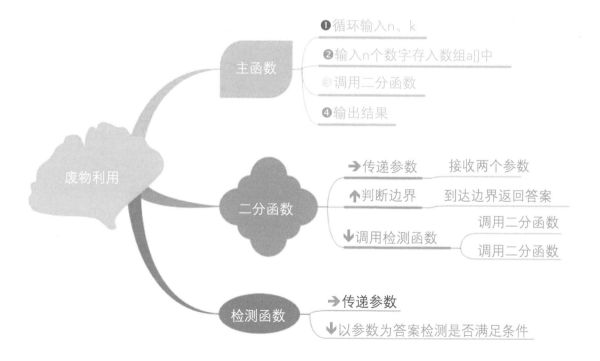

制定流程

主函数的程序流程图示意如下。

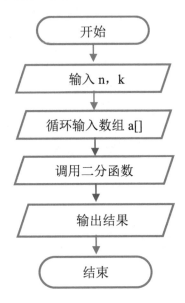

二分函数erfen()的程序流程图示意如下。

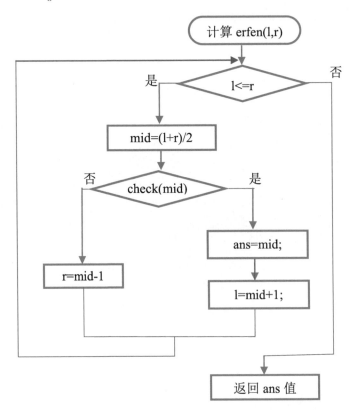

调用的检测函数check()程序的流程图示意如下。

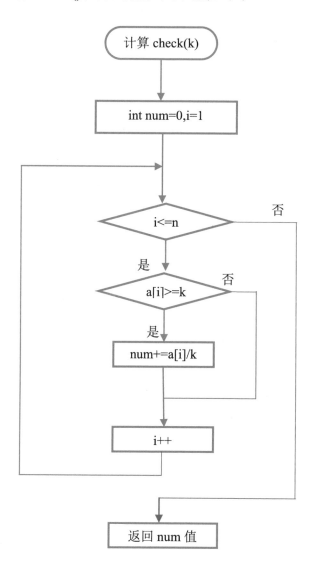

••• 探究实践

◆ 编程实现

```
第18课  废物利用.cpp                                  —  □  ×

1   #include<iostream>
2   using namespace std;
3   int n,a[105],k,ans;
4   int check(int k)                    // 检测函数
5 ┌ {
6       int num=0;
7       for(int i=1;i<=n;i++)           // 以 k 为答案，最多能分出多少
8          if(a[i]>=k) num+=a[i]/k;     //   条绳子，存入 num 中
9          return num;                  // 返回 num 值
10└ }
11  int erfen(int l,int r)              // 二分函数
12┌ {
13      while(l<=r)                     // 循环结束条件
14┌     {
15          int mid=(l+r)/2;            // 计算中间值
16          if(check(mid)>=k)           // 如果检测结果比实际需求多
17          {ans=mid;l=mid+1;}          // 保存中间值，向上缩小规模
18          else  r=mid-1;              // 否则向下缩小规模
19└     }
20       return ans;                    // 返回结果
21└ }
22  int main()                          // 主函数
23┌ {
24      cin>>n>>k;
25      for(int i=1;i<=n;i++)
26          cin>>a[i];
27      cout<<erfen(0,1000);            // 二分答案
28      return 0;
29└ }
```

◆ 测试程序

运行程序，第一行输入绳子总数3；第二行输入2、3、9分别表示三条绳子的长度；第三行输入需要的绳子数，执行结果如下图：

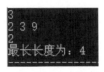

易犯错误

程序中最容易出错的地方为二分函数的编写，常见错误梳理如下：

第13行判断二分结束的条件是l>r，不同的算法有不同的要求，需要根据题意把握。

第15、16行，判断检测结果，若满足要求，记录当前mid值，为当前最优，然后继续向上缩小规模，判断是否有更优答案。

第17行，若检测结果不满足需求，则不需要记录答案，向下缩小规模寻找答案。

••• 智慧钥匙

1. 二分答案的递归实现

二分答案算法的函数一般有两种实现方式——递推方式和递归方式，程序中呈现的是递推方式，另一种递归方式实现过程如下。

```
int erfen(int l,int r)
{
    if(l>r) return ans;              // 判断边界
    int mid=(l+r)/2;                 // 二分
    if(check(mid)>=k)
        {ans=mid;erfen(mid+1,r);}    // 向上缩小规模
    else    erfen(l,mid-1);          // 向下缩小规模
}
```

2. 二分答案应用

二分法的算法应用的前提就是查询区间是有序的，当然二分答案也不例外，答案查询区间需是单调的。总体来看，使用二分答案算法求解有如下三大类应用场景。

应用场景	举例
求最大的最小值	在n个点中选m个点使得相邻的点之间的最小距离最大，求最大值
求最小的最大值	把n个投票箱分配到m个城市，使得m个投票箱中的最大票数最小
求满足条件的最大/小值	将n个馅饼分给m个朋友，使得每人拿到的一样大，且每个人只能拿一整块，求每个人能拿到的最大值

●●● 挑战空间

1. 试一试

观察下面程序，根据输入数据，写出运行结果，并上机验证。

```cpp
1   #include<iostream>
2   using namespace std;
3   int erfen(int l,int r)
4   {
5       int ans=0,i=1;
6       while(l<=r && i<=5)
7       {
8           int mid=(l+r)/2;
9           if(mid>=700) {
10          ans=mid;r=mid-1;}
11          else l=mid+1;
12      }
13      return ans;
14  }
15  int main()
16  {
17      cout<<erfen(1,1000);
18      return 0;
19  }
```

输出：_____

2. 编写程序

如图有n个点，已知每个点到原点之间的距离，若需要从中选出c个点，使得相邻的点之间的最小距离最大，求最大值。

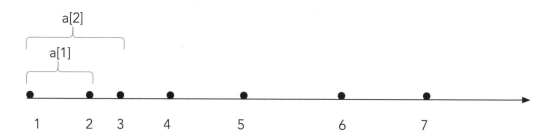

样例如下：

输入：第一行一个整数n，表示总共的点数，第二行n个数，表示每个点距离原点的距离。

7

0 3 5 4 7 9 12

3

输出：2

影子长度
——三分算法

生活中有这样一个神奇的现象，如图动物的影子映到墙上之后会弯折，使得影子总长度发生变化。假如有一面墙，距离墙面4米远的位置上有一盏高度为4米的灯，那么一个身高为1.5米的人从灯下位置走到墙边的过程中，在哪个位置映出的影子最长？

●●●●　准备空间

◆ 理解题意

根据描述，可以将项目中具体信息分析如下。如图人的身高为 h，灯距地面的高度为 H、距离墙面的距离为 D，以灯正下方位置为0点，向墙面方向画上刻度，要求编写程序依次输入 H、h、D 三个数字，计算出人在哪个位置处形成的影子 L 最长，结果精确到三位小数。

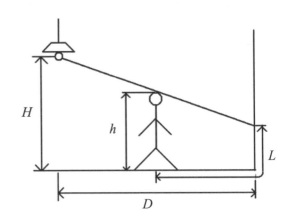

根据相似三角形的知识可以推导出：影子长度 L 跟人所在位置 x 之间有如下关系：$L = D - x + H - (H - h) \times D / x$。所以问题可以归纳为：$x$ 取值在 $0 \sim D$ 范围内的哪个位置，L 的值最大。

问题思考

人在灯正下方走到墙面影子长度变化有什么规律，要计算什么时候最长，先思考如下问题。如果你还有疑问，请写入下图方框中。

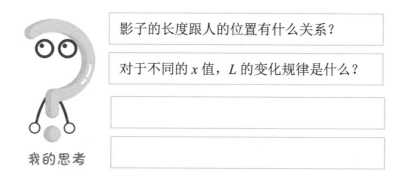

影子的长度跟人的位置有什么关系？

对于不同的 x 值，L 的变化规律是什么？

我的思考

探秘指南

学习资源

1. 变化规律

很明显，人站在灯下，即 $x=0$ 的时候，影子的长度接近于 0，当人在墙边时，影子长度接近于身高，在移动的过程中长度会先变大再变小。根据关系表达式 $L = D - x + H - (H - h) \times D / x$ 可以大致画出 L 随 x 的变化规律，如图所示。

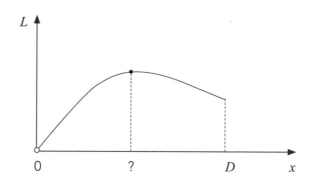

2. 三分法

与二分法相似，三分法也是比较常用的基于分治思想的高效查找方法。三分法多用于单峰函数。例如本题中，从图像上看只有一个最高点，就可以使用三分法快速找出最高点所在的位置。三分算法的模板代码如下。

```
sanfen(l, r)                          // 三分法
{
    while (r-l>=0.001)                // 循环边界（控制精度）
    {   double m1=l+(r-l)/3.0;        // 三分之一处
        double m2=r-(r-l)/3.0;        // 三分之二处
        if (f(m1)>=f(m2)) r = m2;     // 更新左边界
        else l=m1;                    // 更新右边界
    }
    return l;                         // 返回答案
}
```

● 规划设计

分析可知本题符合三分法的使用范围，可以用三分法实现，具体可由3个函数模块构成，分别是主函数、三分函数和求解函数，其具体的功能实现如下图所示。

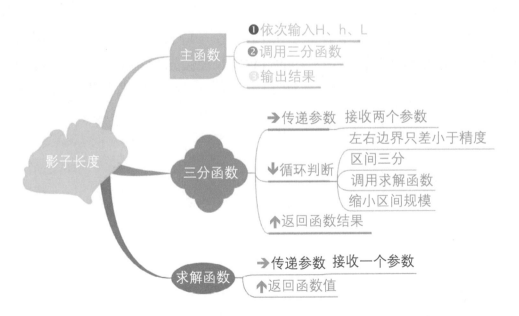

制定流程

主函数的程序流程图示意如下。

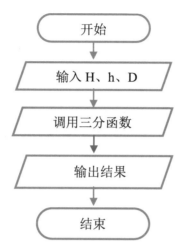

三分函数sanfen()的程序流程图示意如下。

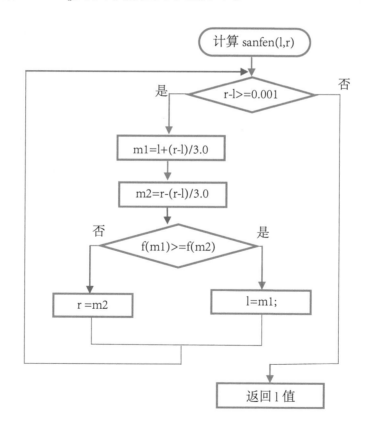

调用的求解函数f()程序的流程图示意如下。

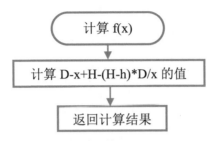

计算 D-x+H-(H-h)*D/x 的值

返回计算结果

探究实践

编程实现

```
第19课 影子长度.cpp                              —  □  ✕

 1  #include <iostream>
 2  #include <cstdio>
 3  using namespace std;
 4  double H, h, D;
 5  double f(double x)                    // 求解函数
 6    {return D-x+H-(H-h)*D/x;}
 7
 8  double sanfen(double l, double r)  // 三分函数
 9  {
10      while (r-l>=0.001)                // 控制精确度
11       {
12          double m1=l+(r-l)/3.0;        // 计算三分之一处点
13          double m2=r-(r-l)/3.0;        // 计算三分之二处点
14          if (f(m1)>=f(m2)) r = m2;     // 更新区间右端点
15          else l=m1;                    // 更新区间左端点
16       }
17      return l;                         // 返回左端点
18  }
19
20  int main()
21  {
22      cin>>H>>h>>D;
23      printf("%.3lf\n", f(sanfen(0.01, D)));
24      return 0;
25  }
```

测试程序

运行程序，输入H、h、D的值分别为4、3、4，输出结果如下图：

易犯错误

程序中最容易出错的地方为三分函数的编写，常见错误梳理如下：

第10行，当左右边界（端点）的差值小于精确度的时候就可以结束循环了，题目要求保留三位小数，所以左右边界差值要小于0.001。

第14行，若是f(m1)的值大于等于f(m2)的值，说明最高点应该在左边，所以要更新右边界点。

••• 智慧钥匙

1. 三分法的适用范围

二分法的使用前提是求解区间需是有序的，它可以适用于查找、求解等多种问题；跟二分法相比，三分法的适用范围就小得多了，大多用于求解单峰函数的极值问题，如下图的两种情况：

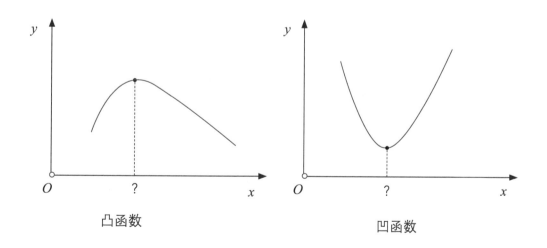

凸函数　　　　　　　　　　凹函数

2. 三分法的边界更新

三分法会将区间平均分成三份，所以除了左右边界L(l)和R(r)外，中间会产生两个端点，分别用m1和m2表示。根据函数性质对应区间更新情况如下表所示。

函数性质	满足条件	区间更新
凸函数	f(m1)>f(m2)	R=m2
	f(m1)<=f(m2)	L=m1
凹函数	f(m1)>f(m2)	L=m1
	f(m1)<=f(m2)	R=m2

●●● 挑战空间

1. 试一试

如图所示，在坐标轴上将区间(a,b)平均分成三分，其中第一个三等分点如何表示？第二个三等分点如何表示？请将表达式写在下方的横线上。

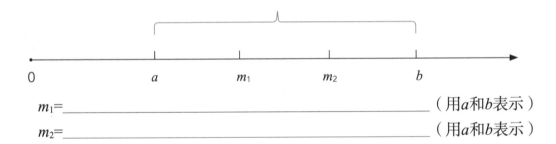

m_1=_____（用a和b表示）

m_2=_____（用a和b表示）

2. 编写程序

编写程序计算函数表达式$f(x)=2x^2+3x+4$，用三分法计算函数$f(x)$最小值所在的位置，结果精确到两位小数。